SCIENTIA

Mars 1900

BIOLOGIE

n° 8

LA SPÉLÉOLOGIE

OU

SCIENCE DES CAVERNES

PAR

E.-A. MARTEL

TABLE DES MATIÈRES

LA SPÉLÉOLOGIE

SCIENCE DES CAVERNES

CHAPITRE PREMIER

DÉFINITION. — HISTORIQUE. — BIBLIOGRAPHIE. — PROGRAMME

Définition. — Le terme nouveau de *spéléologie* (1), proposé
il y a quelques années par M. Émile Rivière (qui l'écrivait *spélœo-
logie*), vient du grec σπήλαιον, caverne, et λόγος, discours, sujet ;
il n'est que l'équivalent du terme allemand *Hœhlenkunde*, fort
usité en Autriche et voulant dire *connaissance des cavernes*.

L'étude des grottes ou cavernes, tel est en effet l'objectif de la
spéléologie, qui commence, en tant que branche spéciale, à revendiquer une petite place parmi les subdivisions déjà si nombreuses
des sciences physiques et naturelles, place justifiée par l'extension
des recherches et trouvailles souterraines de toute nature. Expliquer le but, les moyens d'action et les toutes récentes conquêtes
de la spéléologie, tel est l'objet du présent travail.

La connaissance et l'étude des *cavités naturelles du sol* présentent un intérêt de premier ordre pour les géologues, les ingénieurs
et les hydrologues. Les rapports intimes des puits naturels (abîmes) et des cavernes avec l'hydrologie souterraine, les dislocations terrestres, les filons métallifères, les dépôts d'ossements

---

(1) M. L. de Nussac a préconisé le vocable *spél gie*, plus simple en
effet (Essai de spéologie. Brive, in-8, 1892), mais moins exact ; car le
mot σπέος ne désignait, pour les Grecs, que les excavations *artificielles*
des tombeaux et des sanctuaires égyptiens (spéos d'Ipsamboul, spéos de
Béni-Hassan, etc.).

fossiles, la zoologie, la botanique, la préhistoire, l'hygiène publique, etc., etc., sont les éléments constitutifs de cet intérêt.

Par définition, les grottes ou cavernes sont les anfractuosités ou excavations naturelles des couches supérieures de la terre.

Dans tous les temps et dans tous les pays, elles ont excité l'intérêt ou la curiosité. Aux âges primitifs où l'homme paléolithique, notre ancêtre, ne savait pas construire de cabanes et devait se défendre contre les grands fauves quaternaires, c'est dans les cavernes, difficiles à atteindre ou faciles à clore, qu'il établit son habitation. Quand, plus tard, l'homme néolithique, plus avancé en civilisation et pourvu d'outils moins grossiers, put se bâtir des huttes et des villages, les cavernes ne furent plus guère que des lieux de sépulture : dans beaucoup d'entre elles, d'heureux fouilleurs ont exhumé de véritables nécropoles. Pour l'antiquité historique, les grottes se transforment en sanctuaires païens, ou en cachettes temporaires lors des révoltes, des guerres civiles et des invasions étrangères. Jusqu'au Moyen Age et à la Renaissance, elles jouent ce rôle de refuges souterrains, qu'elles partagent souvent avec les carrières abandonnées, comme celles que M. l'abbé Danicourt a retrouvées, depuis 1886 seulement, à Naours dans la Somme. Mais surtout les grottes et cavernes tendent de plus en plus à devenir des objets de terreurs populaires, de superstitions absurdes : presque partout, on retrouve la légendaire croyance au basilic ou dragon monstrueux qui, dans le fond des antres obscurs, garde d'immenses et insaisissables trésors !

Dans ce mystérieux domaine persistent universellement les préjugés fabuleux. Toujours exagérés ou faux sont les renseignements locaux que l'on peut recueillir sur les cavités du sol non encore explorées scientifiquement.

Erreurs et préjugés. — Le bizarre récit de l'exploration de la caverne de Ratelstein (Styrie) par Héréus, en 1720, récemment publié par M. Ramond (*Spelunca*, nº 15), donne une idée de ce que l'on pensait des cavernes, il y a moins de deux cents ans. Cet archaïque document est curieux par sa naïveté.

Le R. P. Bosc raconte, dans ses *Mémoires* pour servir à l'histoire du Rouergue (in 8º, Rodez, an IV, 1787), ce qui suit :

« Un observateur (Carnus), descendu dans le Tindoul de la
« Vayssière (Aveyron) (profond de 38 mètres), avait remarqué
« sur des pierres quelques légères incrustations de soufre ou
« de bitume et quelques petites veines métalliques dans des

« cailloux.....• Avant cette descente les gens du pays racontaient,
« entre autres merveilles du Tindoul, qu'on voyait et qu'on
« entendait au fond de la caverne une rivière souterraine... *Mais
« cette conjecture populaire se trouva sans fondement* ».

La négation, par Bosc, de l'existence de la rivière souterraine
indique combien incomplète avait été l'exploration du sieur Carnus, dont l'imagination seule a pu constater la présence de soufre
et de bitume ; car, en 1890, M. Quintin, ayant eu l'idée de
déblayer les pierres au fond du gouffre, put dégager l'orifice de
la galerie menant à la rivière souterraine qui y existe réellement.
On voit par là quelle nécessité il y a de faire subir à l'étude des
cavernes une rénovation complète, et quels résultats peuvent produire les modes particuliers d'investigation récemment mis en
œuvre, notamment dans la descente des abîmes.

Dans l'Ardèche, on attribuait 7 kilomètres de longueur à la
belle grotte de Saint-Marcel, qui aurait été ainsi la plus étendue
de toute la France ; l'erreur a persisté jusqu'à ce qu'en 1892 un
mesurage exact réduisit ce chiffre à 2 260 mètres seulement.

Depuis 1856, on imprime partout que la plus vaste caverne du
monde est Mammoth Cave (Kentucky, États-Unis) avec 240
kilomètres de longueur. Ce chiffre a été *copié* par tous les auteurs
sur la sommaire mention suivante :

« Les avenues connues de Mammoth Cave s'élèvent au nombre
« de 223, la longueur réunie du tout *étant estimée, par ceux qui
« connaissent le mieux la caverne*, à 150 milles (241 kilom.) ; en
« ajoutant que la largeur et la hauteur moyenne de ces passages
« s'élève à sept yards ($6^m,40$) dans chaque sens, *ce qui est
« peut-être proche de la vérité*, cela donnera un espace caverneux
« de plus de 12 000 000 de yards cubes, qui a été creusé par
« l'action des eaux calcaires et des vicissitudes atmosphériques »
(p. 81 de *Report of the geological survey in Kentucky*, fait en 1854
et 1855 par David Dale Owen, in-8°, Francfort (Ky), Hodges,
1856).

Or, les récentes recherches topographiques de MM. Hovoy et
Ellsworth Call viennent d'établir (*Spelunca*, n° 9, et *Mém. Spél.*,
n° 11) que la longueur totale des galeries de Mammoth Cave,
assez larges pour pouvoir être explorées, ne dépasse pas 60 kilomètres, peut-être même pas 48 kilomètres au maximum.

Plusieurs traités de géologie énonçaient que la rivière Mool,
au Transvaal, près de Wonderfontein, avait évidé des cavernes,
non pas dans des calcaires, mais dans des quartzites, phénomène

géologique tout à fait anormal (C.-J. Alford, *Witwatersrand review*, Johannesburg, n° 1, janvier 1890, p. 5).

Or, M. Brisse a pu constater, en 1894, que ces cavernes, d'ailleurs peu amples, ont été creusées *au contact* seulement des grès quartzeux et des calcaires, mais uniquement dans ces derniers. Il serait fastidieux de passer en revue les principales méprises de de ce genre qui avaient cours sur les grottes, même les plus connues du monde ; ces quelques exemples devront suffire.

Historique. — En réalité, il n'y a que 125 ans que la science s'est emparée des cavernes, lorsqu'en 1774 l'Allemand Esper reconnut, en Bavière, aux environs de Baireuth, que les gros ossements retirés des grottes appartenaient, non pas à des géants humains, mais à de grands animaux disparus. Il donna à ces ossements, généralement pétrifiés par le carbonate de chaux, le nom de *Zoolithes* ou pierres animales. En se basant sur les remarques d'Esper, Cuvier ne tarda pas à créer de toutes pièces la paléontologie ou étude des espèces animales éteintes.

Plus anciennement encore, la bibliographie doit mentionner au moins le *Mundus subterraneus* du P. Kircher (1), qui ne renferme guère, en matière de grottes, que fables et fantaisies ; et le grand ouvrage du baron de Valvasor, *Die Ehre des Herzogthums Krain* (2), lequel, bien que fourni de curieux renseignements, dit, de la plupart des cavernes et rivières souterraines de Carniole, que nul homme encore n'en a vu les extrémités.

Le xviii° siècle produisit, notamment en Allemagne et en Autriche, quelques essais et ouvrages relatifs aux curiosités du monde souterrain. Citons seulement pour mémoire les expéditions de Nagel, en 1748, aux cavernes du Karst et au gouffre de la Mazocha en Moravie (Manuscrit inédit de la bibliothèque impériale de Vienne), et la descente de Lloyd à Eldon-Hole en Derbyshire, en 1770 (Philosophical transactions, juin 1771, vol. LXI, Londres, 1772).

Il faudrait de longues pages et toute une énumération de dates, de noms célèbres et de titres d'ouvrages, pour tracer le tableau complet des travaux de toutes sortes exécutés depuis un siècle un quart dans les cavernes. Nous le réduirons à un simple résumé.

---

(1) Amsterdam, 2 vol. in-fol., 1665 et 1678.
(2) Laibach et Nuremberg, 1689, 2° édit., Rudolfswerth, 1877.

Bibliographie. — De 1801 à 1806 parut à Hambourg la *Beschreibung der gröszten und merkwürdigsten Höhlen des Erdbodens*, en trois volumes, par Ch. W. Ritter.

Les premières œuvres essentiellement scientifiques consacrées aux cavernes furent en réalité : pour la paléontologie, les « Recherches sur les ossements fossiles » de Cuvier (1821-1823, Fouvent, Gaylenreuth, etc.) (1), les *Reliquiæ diluvianæ* de Buckland (1823) et les *Recherches sur les ossements fossiles des cavernes de la province de Liège*, par Schmerling (Liège, 1833-4) ; — pour l'hydrologie et la géologie, les deux courtes mais importantes brochures de M. Parandier (*Notice sur les causes de l'existence des cavernes* ; Acad. des sciences et arts de Besançon, 28 janvier 1833) et de Virlet d'Aoust (*Des cavernes, de leur origine et de leur mode de formation*, feuilleton de l'*Observateur d'Avesnes*, 1836), la notice d'Arago sur les *Puits artésiens* (*Annuaire du Bureau des Longitudes* pour 1835), l'Essai sur le remplissage des cavernes à ossements (Harlem, 1835, etc.) par Marcel de Serres et le mémoire de T.-A. Catullo *Su le caverne delle provincie Venete* (Venise, Antonelli, 1844).

On sait quelle véritable fièvre de fouilles s'est emparée d'une foule de chercheurs, souvent plus curieux qu'expérimentés, quand Boucher de Perthes eut créé la *préhistoire*. Dès lors, la littérature relative aux cavernes s'accroît considérablement, mais la préoccupation dominante reste celle de la paléontologie et de la palethnologie ; c'est elle seulement qui conduisit M. Ollier de Marichard, il y a déjà une trentaine d'années, au fond de gouffres ardéchois creux de plus de 50 mètres.

Les questions relatives à la géologie, à la zoologie, à l'hydrologie, à l'origine et au fonctionnement des cavernes, ne sont guère abordées que dans les livres ou mémoires suivants.

Abbé Paramelle. L'Art de découvrir les sources, 1856 ; — Fournet. Hydrographie souterraine. *Académie des Sciences de Lyon*, 1858 ; — Desnoyers. Article Grottes, du *Dictionnaire d'histoire naturelle* de d'Orbigny, 1845 et 1868 (2) ; — Schmidl. Die Grotten und

_____

(1) Auxquelles Cuvier avait préludé par son mémoire sur les têtes d'ours fossiles des cavernes de Gailenreuth. *Bulletin de la Société philomatique*. Paris, 1796.
(2) T. VI de la 2ᵉ édition (1868), p. 646 à 755, assurément le plus

Höhlen von Adelsberg, etc. Vienne, 1854 ; — FUHLROT. Die Grotten von Rheinland Westphalen. Iserlohn, 1869 ; — Comte WURMBRAND. Ueber die Grotten... bei Peggau. Graz, 1871 ; — TIETZE. dans *Jahrbuch der œsterr. geologisch. Reichsanstalt*, 1873 à 1891. *passim* ; — BOYD-DAWKINS. Cave Hunting. Londres, 1874 ; — MOJSISOVICS. Karst Erscheinungen, *Club alpin autrichien-allemand*, 1880 ;— PACKARD. Cave Fauna of North America, 1881 ; — LUCANTE. Essai géographique sur les cavernes de France et de l'étranger, malheureusement inachevé, dans *Bulletin de la Société d'études scientifiques d'Angers*, 1880 et 1882 ; — HOVEY. Celebrated american caverns. Cincinnati, 1882 (réédité en 1896) ; — SZOMBATHY. Die Höhlen und ihre Erforschung *Jahrb. der ver. zur Verbreitung naturwissenschaftl. Kenntnisse*, Vienne, 1883 ; — FRUWIRTH. Ueber Höhlen. *Club alpin autrichien-allemand*, 1883 et 1885, etc. ; — Edouard DUPONT. Les phénomènes des cavernes. 1893. *Société belge de géologie*, t. VII des *Annales*, etc. etc.

Ensuite, toutes les connaissances acquises, tous les faits constatés en dehors de la préhistoire de la zoologie et de la paléontologie furent magistralement résumés par le grand ouvrage de M. Daubrée « Les eaux souterraines à l'époque actuelle et aux époques anciennes » (1887 et 1888), qui a définitivement arrêté les grandes lignes de la science physique des cavernes.

Mais, au moment même où se rédigeait ce capital travail, les explorations souterraines recevaient, en Autriche et en France, deux pays privilégiés quant à l'évidement naturel de leur sous-sol, une impulsion inattendue et un développement considérable.

Extension récente. — D'abord les Autrichiens, principalement à l'instigation de M. F. Kraus, reprenaient partout, vers 1880, les investigations souterraines, un peu délaissées depuis les belles découvertes du Dr Adolf Schmidl (1850-1857), dont les fructueuses découvertes d'Adelsberg, Planina, Saint-Canzian, etc., avaient ouvert à leur auteur les portes de l'Académie des sciences de Vienne ; une société d'études des cavernes (*Verein für Höhlenkunde*) se fondait même en 1879-1880, mais ne trouvait

---

sérieux et complet travail d'ensemble sur les cavernes qu'on ait publié en France avant les récentes recherches. Il reste plein d'utiles documents pour les futures explorations.

de vitalité que de 1882 à 1889 comme section (*für Höhlenkunde*) du Club des Touristes autrichiens ; en 1886, le gouvernement d'Autriche-Hongrie lui-même et diverses autorités provinciales faisaient entreprendre les explorations et travaux officiels, principalement hydrologiques, de MM. Putick, Hrasky, Riedel, Ballif, qui ne sont pas encore terminés, en Istrie, en Carniole et en Bosnie-Herzégovine ; depuis 1883, MM. Hanke, Marinitsch, Müller, Nowak, autour de Trieste, et MM. Kriz, Trampler, Szombathy, Fugger, Siegmeth, en Moravie, Hongrie, etc., accomplissaient une série de trouvailles réellement géographiques, qu'ils poursuivent toujours et qui ont valu à l'Autriche-Hongrie le juste renom de *terre classique des cavernes*.

En France, en 1888, avec le concours de M. G. Gaupillat, l'auteur du présent opuscule inaugurait l'application du téléphone et des bateaux démontables en toile à l'exploration des abîmes profonds de cent mètres et plus et des rivières souterraines, objets jusqu'alors de tant de terreurs et de fausses légendes.

Les abîmes surtout n'avaient encore été affrontés qu'en bien petit nombre et seulement ceux que le jour éclairait bien : la Mazocha (Moravie, 136 mètres, dont 50 seulement à pic) par Nagel, en 1748 ; Eldon-Hole (Derbyshire, 80 mètres), par Lloyd, en 1770 ; le Tindoul (Aveyron, 38 à 60 mètres), par Carnus, vers 1780 ou 1785 ; Allum-Pot (Yorkshire, 90 mètres), par Birkbeck et Metcalfe, en 1847 et 1848 ; Piuka-Jama (Carniole, 65 mètres), par Schmidl, en 1852 ; l'exploration du fameux puits de Trebic (Istrie, 322 mètres), par Lindner, en 1840-1841, fut un vrai travail d'ingénieur qui dura onze mois.

En Allemagne, il faut citer les recherches géologiques de MM. Von Gümbel, Ranke, Zittel, Nehring, Kloos, Blasius, Schwalbe, Endriss, du Schwäbischer Höhlen-Verein, etc.

L'Italie vient à peine d'entrer sur la scène des explorations souterraines avec MM. Issel, Marinelli, Salmojraghi, les circoli speleologici d'Udine, de Brescia, de Milan (du club alpin), etc.

M. l'Abbé Font y Sague et M. Puig y Larraz représentent activement l'Espagne pour notre sujet, etc., etc.

Quant à l'Amérique, après Putnam et Packard, voués à la faune souterraine, la spéléologie a pour leaders MM. H.-C. Hovey, Ellsworth Call, H.-C. Mercer, Miss Owen, etc.,

Enfin, une *Société de Spéléologie* absolument internationale, fondée à Paris en 1895, concentre, depuis cette époque, dans ses publications (Bulletin trimestriel dit *Spelunca* et *Mémoires* sporadiques) tout ce qui se rapporte actuellement, ou avec un intérêt rétrospectif, aux cavités naturelles du sol en général.

Bref, de tous côtés maintenant se multiplient les pénétrations profondes et lointaines dans une foule de cavités inconnues, étendant les recherches non seulement aux diverses régions caverneuses de la France et l'Autriche, mais encore à tous les pays d'Europe, depuis l'Espagne et l'Angleterre jusqu'à la Serbie et la Bulgarie.

Cette sorte de renaissance des études souterraines d'ordre physique a, en quinze ans, non pas bouleversé les notions déjà acquises, mais confirmé pratiquement le bien fondé de belles théories géologiques, — fait justice de certaines hypothèses inexactes, quoique fort séduisantes, — mis fin à bien des controverses, — en un mot fixé davantage les idées sur les phénomènes intérieurs de la partie supérieure de l'écorce terrestre. Elle a surtout révélé l'existence d'une quantité d'antres divers, utiles à connaître à plus d'un titre. Le tableau des nouvelles données ainsi recueillies a été sans délai exposé par trois récents ouvrages, parus presque simultanément et mettant au point (avec bibliographie détaillée) l'état actuel de la *spéléologie*.

J. CVIJIC. Das Karst-Phänomen, 3ᵉ cahier du tome V des *Geographische Abdhandlungen*, de PENCK, Vienne, Hölzel, in-8, 1893, 114 p. et fig. ; — E.-A. MARTEL. Les Abîmes, explorations de 1888 à 1893, in-4, 580 pl., 320 plans et gravures. Paris, Delagrave, 1894 ; — F. KRAUS. Höhlenkunde. Manuel des explorations souterraines. Vienne, Gerold, 1894, in-8, 308 p., 161 plans et gravures.

Programme. — On peut aujourd'hui déclarer nettement que ce que l'on a trop longtemps négligé ou encore insuffisamment étudié dans les cavernes, c'est la géologie, pour l'origine et la formation des grottes, — la minéralogie, pour leurs rapports avec les filons métallifères, — la météorologie pour les variations thermométriques et barométriques, pour la formation de l'acide carbonique, — la physique du globe, pour les expériences de pesanteur que l'on pourrait exécuter dans les grands abîmes verticaux en renouvelant les intéressantes observations de Foucault au Panthéon et de l'astronome Airy dans les mines d'Angleterre, — l'hydrologie, qui vient à peine de s'apercevoir que les cavernes sont avant tout de grands laboratoires de sources, — l'agriculture, qui pourrait les transformer en réservoirs contre les sécheresses et en bassins de retenue contre les inondations, —

l'hygiène publique, forcée de reconnaître, à la suite de constatations matérielles indiscutables, que les sources réputées les plus
pures sont, au moins dans les terrains calcaires fissurés, sujettes
à des causes de contamination jusqu'à présent insoupçonnées et
absolument dangereuses pour la santé publique.

Voilà quelques-uns des nouveaux problèmes qui viennent
d'être posés par la toute récente extension des investigations souterraines : leur nombre et leur importance justifient pleinement
la spécialisation distincte de la science des cavernes.

CHAPITRE II

Sous réserve des exceptions, assurément nombreuses et importantes, énumérées ci-après, il est permis de formuler, comme des lois générales, les idées suivantes.

Terrains caverneux. — *Les cavités naturelles du sol ne se rencontrent en principe que dans les formations géologiques compactes mais fissurées.*

Les terrains meubles, poreux, de transport, tels que les sables, graviers, scories, moraines, etc., peuvent être considérés comme non caverneux. L'incohérence de leurs éléments empêche les vides, sinon de s'y former, du moins de s'y maintenir.

Origine des cavernes. Action des eaux. Fissures du sol. — Les principales causes de la formation des cavernes doivent être réduites à deux : la *préexistence des fissures des roches* et le travail des eaux d'infiltration s'exerçant par le triple effet de l'*érosion* (mécanique), de la *corrosion* (chimique) et de la *pression hydrostatique.*

Le principe de l'agrandissement des cassures naturelles du sol par les eaux avait été énoncé dès 1845 par Desnoyers et démontré surtout par les belles études théoriques de M. Daubrée. En réalité, toutes les récentes recherches souterraines n'ont fait que confirmer pratiquement les vues si justes du savant géologue.

Avant toute explication complémentaire il convient d'exposer, au point de vue de l'origine des cavernes, combien il importerait de bien distinguer deux sortes de fissures seulement dans les roches, les *diaclases* et les *joints,* et de fixer définitivement une terminologie quelque peu hésitante.

Définition des joints. — Le terme de *joints*, en effet, a donné lieu, chez les architectes (dans le domaine desquels une petite incursion est ici nécessaire) comme chez les géologues (qui le leur ont emprunté), aux définitions les plus contradictoires et à une gênante confusion entre les *plans de stratification* et les autres sortes de fissures.

Pour Quatremère de Quincy (Dictionnaire d'architecture) et Larousse (Grand Dictionnaire), les joints sont, en général, les *intervalles qui séparent les pierres*, les *fissures naturelles qui traversent les roches*, quel qu'en soit le sens.

Viollet-le-Duc (Dictionnaire d'architecture) et la « Grande Encyclopédie » réservent le nom de joints « aux faces par lesquelles les pierres sont contiguës latéralement » et appellent tout spécialement *lits* « leurs plans de séparation horizontaux ».

D'autres, dont l'opinion est adoptée aussi par le « Dictionnaire » de Larousse, emploient les termes de *joints de lit* pour les joints horizontaux et *joints montants* pour les joints verticaux.

En géologie, même confusion : Arago, d'abord, a écrit que « les terrains tertiaires sont stratifiés, c'est-à-dire composés de couches superposées et séparées, à la manière des *assises* d'un mur, par des *joints* nets et bien tranchés » (Notice sur les puits artésiens, *Annuaire Bureau des longitudes* pour 1835, page 203). Pour lui, les joints semblent donc être les *plans de stratification*.

Le géologue irlandais Kinahan distingue dans les roches stratifiées trois sortes de *fentes* ou *joints* : 1° les joints *mineurs*, locaux, limités à une ou quelques strates ; 2° les joints *majeurs* qui recoupent toutes les strates ; 3° les *lignes de joints* (*joint lines*) ou plans de stratification (Valleys, and their relations to fissures, fractures and faults. Londres, Trubner, 1875, in-8, p. 13 et 20).

M. Daubrée a éclairci la question : « Les cassures des roches ont reçu en général le nom de *joints*, adopté par les géologues anglais ; ce nom, emprunté à l'architecture, où il désigne les plans suivant lesquels on a assemblé les assises d'une construction, paraît inexact lorsqu'il s'agit au contraire de faces de rupture... Les joints sont plus petits que les failles auxquelles ils se rattachent parfois et dont ils sont congénères » (*Études de géologie expérimentale*, p. 300-306, 325, 333, 351). Et il a proposé les très heureux termes généraux de *lithoclases* et de *diaclases*. Le seul inconvénient de cette classification c'est qu'en déclarant que « les diaclases traversent les plans stratifiés » (Eaux souterraines, t. I, p. 133), M. Daubrée semble adopter pour les joints la définition de

Viollet-le-Duc (intervalles latéraux), à l'encontre de celle d'Arago, et ne donne pas de nom spécial aux plans de stratification.

M. Edouard Dupont s'en est aperçu en ces termes : les diaclases sont « des fentes à travers bancs qui n'interrompent pas la continuité du plan de ceux-ci... », elles « divisent les masses calcaires en grands parallélipipèdes par leur combinaison croisée *avec un troisième plan qui est fourni par la stratification* » (Les phénomènes des cavernes, *Annales Soc. belge de géologie*, t. VII, p. 14).

De même M. de Lapparent : « Les *joints ou diaclases* peuvent résulter soit du retrait de la roche par dessiccation, soit des mouvements en masse du terrain, et il s'y ajoute les fentes horizontales que peuvent engendrer les *lits de stratification* » (DE LAPPARENT, Leçons de géographie physique, p. 85).

Les diaclases. — La nécessité de bien distinguer les plans de stratification et les fentes qui traversent les bancs, saute aux yeux dans les grandes cavernes parcourues par des rivières souterraines. Très généralement, en effet, il s'est formé, entre les strates, des galeries basses ou tunnels, où la largeur l'emporte sur la hauteur et, dans les diaclases, des allées longues, étroites et élevées (Les Abîmes, p. 196). *Cette règle est constante.* Bien plus, il y a des cavernes (comme la Recca de Saint-Canzian, en Istrie) et surtout des abîmes, creusés, aux dépens des seules diaclases, dans des roches point ou à peine stratifiées (dolomies des causses, etc.).

En résumé, il conviendrait, pour faire cesser toute confusion, d'appliquer strictement et uniquement le terme de *joints* aux plans de stratification, en adoptant pour toutes les autres cassures le mot *diaclase*. Observation faite que les joints, en principe horizontaux, sont souvent, par suite de dislocations postérieures à la sédimentation, fortement redressés sur l'horizon (pertes de la Piuka à Adelsberg et de la Lesse à Han, etc.), parfois même jusqu'à la verticale, et qu'en conséquence il est impraticable et inutile de chercher un caractère distinctif (comme l'a fait Viollet-le-Duc pour les joints des monuments) dans l'horizontalité ou la verticalité des *joints de stratification.*

Les fissures du sol sont les directrices générales des cavernes. — Ceci posé, tout ce que l'on a constaté sous terre, dans les cavités naturelles jusqu'à présent explorées, confirme absolument cette notion générale, entrevue par Schmerling et Virlet d'Aoust, et surtout mise en lumière par Desnoyers, que les *fissures*

du sol, dues tant aux grandes dislocations dynamiques de l'écorce
terrestre qu'aux effets plus restreints de rupture par dessiccation,
retrait ou compression des roches elles-mêmes, *ont été les directrices
générales des cavités*. C'est ce qu'on a pris l'habitude d'appeler les
lignes de moindre résistance.

M. Daubrée a érigé ce principe fondamental en une loi géo-
gique aussi simple que juste, en disant que « le premier rôle revient
aux cassures souterraines » (*Eaux souterraines*, t. I, p. 299).

Quant à l'origine même des diaclases et autres fissures du sol,
c'est là une question de tectonique pure, qui ne saurait être abor-
dée ici. Rappelons seulement avec l'abbé Bourgeat que, dans
le Jura par exemple, les formations secondaires, gisement par
excellence des cavernes, « se montrent coupées transversalement
de cassures à peu près perpendiculaires à leur surface d'affleure-
ment. Il s'est effectué, suivant ces cassures, des glissements horizontaux, de vrais décrochements de couches, qui ont disposé les
affleurements en échelons. Les couches ne se continuant plus d'un
compartiment à l'autre, chaque ligne de cassure a présenté sur
son trajet, non seulement à travers le jurassique inférieur, mais
encore à travers l'Oxfordien et les assises plus récentes, soit des
points de facile absorption des eaux superficielles, qui sont devenus
des emposieux, soit des points de facile apparition des eaux souterraines, qui sont devenus des sources» (Abbé Bourgeat, *La combe
des prés dans le Jura, au nord de Saint-Claude*. Bull. Soc. Géolog.,
3ᵉ série, t. XXIV, 1896, nᵒ 7, p. 493).

Importance des failles. — Comme complément à ce qui concerne le rôle des cassures du sol, il faut, à propos de la catégorie
spéciale de ces cassures qu'on nomme des *failles* (fissures avec
rejet, paraeluses de Daubrée), rappeler que Boyd-Dawkins n'a pas
été le seul à soutenir que « les cavernes ne sont pas généralement
sur les lignes de failles » (*Cave Hunting*, p. 57). Il se base, pour
défendre cette inacceptable thèse, sur ce que les cavernes du
Peak en Derbyshire traversent à angle droit deux, sinon trois,
failles. Or, non seulement les failles servent de canaux d'ascension
à quantité de sources ordinaires, minérales et thermales (1),
mais encore les exemples de grottes ou d'abîmes pratiqués aux

---

(1) DAUBRÉE. Eaux souterraines; la Touvre, Sassenago, etc.

MARTEL.   2

dépens de véritables failles ne sont pas rares : il suffit de citer (1)
ceux du Boundoulaou (Aveyron), du Tindoul de la Vayssière
(Aveyron), de l'Igue de Simon (Lot), des Vitarelles (Lot), de
Montmège (Dordogne), de Padirac (2) (Lot), du *Spélunque de
Dions* (3) (Gard), etc. L'existence fréquente de cavernes au sein
des failles ne peut plus être mise en doute. Elle avait été d'ailleurs
parfaitement reconnue par Desnoyers (mémoire cité).

Les sources de Vaucluse, de Nîmes, de la Touvre (Charente), etc., jaillissent par des failles, tandis que les pertes et
dérivations souterraines des rivières de Bramabiau et du Gardon
(Gard) (4) et les divers ruisseaux qui contribuent à former le
cours d'eau souterrain de Padirac (Lot) sont absorbés par des
failles, mettant en contact des formations imperméables et perméables.

Comment l'eau s'est ensuite servie de la canalisation plus ou
moins largement préparée d'avance par les fissures du sol, comment elle en a agrandi et modifié les veines plus ou moins amples
pour y établir sa circulation souterraine, comment elle l'a, çà
et là, transformée en cavernes souvent très vastes, c'est ce que
nous examinerons dans le chapitre suivant.

Au préalable, il importe de noter que, comme toute bonne
règle, cette double loi si simple de la génèse des grottes et abîmes
souffre certaines exceptions, exceptions tirant leur origine des
dissemblances pétrographiques des divers terrains.

Autres causes de l'origine des cavernes. — Ainsi les roches
qui, sans être précisément meubles, ont la propriété de se dissoudre ou de se dissocier dans l'eau, peuvent posséder des vides
souterrains naturels, indépendants de toute fissuration du sol.

Entraînement. — Tels les *grès* de Fontainebleau et les *dolomies* sableuses de Montpellier-le-Vieux (5) (Aveyron) qui présen-

---

(1) Les Abîmes, p. 175, 179, 240, 309, 320, 365, 537.
(2) *Comptes Rendus de l'Académie des Sciences*, 21 octobre 1895.
(3) F. Mazauric. *Mémoires Soc. spéléologie*, nº 2, février 1896.
(4) F. Mazauric. *Mém. Soc. spéléologie*, nº 12, 1898.
(5) L. de Malafosse. *Bulletin de la Soc. de géographie de Toulouse*, 1883 ; — Trutat. Une excursion à Montpellier-le-Vieux, in-8,
15 p., Toulouse, Durand, 1885 ; — Martel. *Bulletin de la Soc.
de géologie*, 10 avril 1888, p. 509 et les Cévennes, p. 127.

tent un certain défaut d'homogénéité : au sein de leurs masses dures, résistantes, se rencontrent des poches friables, portions de roches dont les éléments n'ont pas été agglutinés par le ciment qui a fait *prendre* le surplus. Ces parties sableuses, *évidées* par les eaux courantes qui entraînaient leur contenu inconsistant, ont, par places, donné naissance à de vraies grottes, « produites par l'*entraînement* de matières arénacées » (Daubrée).

Dissolution. — La solubilité du *gypse* et du *sel gemme* crée aussi des vides, non plus par entraînement dû à une eau mouvementée, mais par l'action chimique de l'eau, par la *corrosion* qui *mange* et fait fondre la roche comme du sucre. Ce sont les *grottes de dissolution* : cavités d'Eisleben et des lacs du Mansfeld (en Thuringe) (1), entonnoir d'Aïn-Taïba (Sahara) (2) : cloche gypseuse de Taverny (Seine-et-Oise) en partie due aussi à l'érosion (*Abîmes*, 410) ; Kraus-Grotte, près Gams (Styrie, *Höhlenkunde*, p. 98) ; mares de Meurthe-et-Moselle, éboulements du Cheshire, etc.

Les évidements, si fréquents et parfois si étendus, sous les masses de tufs déposées à l'issue des sources qui sortent en cascades tumultueuses de certaines cavernes du calcaire, peuvent entrer dans cette catégorie ; tels sont, par exemple, ceux des cascades de Salles-la-Source (Aveyron), — de la Boudène (Gard), étudiés par M. Mazauric, — de Gournier (vallée de la Bourne, Isère), révélés par M. Décombaz (Mém. soc. spéléol., n° 22), etc. Ces grottes d'*entraînement* et de *dissolution* ne comportent pas nécessairement la préexistence de fissures en ayant favorisé le développement : l'eau seule est parfaitement capable de les produire, mais en général sur une échelle assez restreinte.

GROTTES VOLCANIQUES. — Au contraire, les *terrains volcaniques* montrent des cavités où l'eau, du moins sous sa forme liquide, n'a nullement concouru au creusement ; ce sont les *cavernes d'explosion*, qu'ont ouvertes les éruptions ou les bulles de gaz et de vapeur d'eau crevant les roches, et les *grottes de refroidissement*, dues au retrait subi par les roches plutoniques, pendant l'abais-

---

(1) Voir pour les éboulements et l'abaissement du niveau des lacs du Mansfeld en 1892-3 : ULE. Die Mansfelder Seen. Eisleben. 1893, in-12, et KREBS. Die Erhaltung der Mansfelder Seen. Leipzig. 1894, in-8.
(2) DAUBRÉE. Eaux souterraines, I, 292, 300 ; II, 83.

sement de leur température. — Aux îles Açores plusieurs grandes
poches (Forno de Graziosa, Fayal, etc.), maintenant occupées par
des eaux d'infiltration, semblent avoir cette origine; de même
certaines cavités des coulées d'Islande, d'Auvergne, de la Réunion, de l'Etna, des îles Lipari, etc. Le point est controversé
pour la curieuse *mofette* si froide du *Creux de Souci* (Puy-
de-Dôme) (*Abîmes*, 389, 392), peut-être due d'abord à l'explosion et ensuite à l'agrandissement par érosion du vide produit.

Dans les grottes volcaniques en somme la dynamique interne a
joué le rôle prépondérant : et si l'eau est intervenue après coup,
c'est rarement avec la même efficacité que dans les calcaires, la
roche caverneuse par excellence. Elle a pourtant été le principal agent dans la formation des grottes *littorales* des tufs volcaniques des îles Lipari et dans la longue caverne de Surtshellir,
pratiquée en Islande par un cours d'eau coulant sous la lave, etc.

Créer deux autres subdivisions pour les cavernes de *glissements
superficiels* et les *cavernes marines* nous semble inutile; ces dernières surtout étant de types multiples.

Éboulements. — Les grottes ménagées entre les interstices
des blocs éboulés relèvent et de la fissuration et de l'infiltration :
car c'est toujours par dilatation des fissures de la pierre, par dis-
location des assises rocheuses, par entraînement ou dissolution
de leurs supports, que l'eau, insinuée dans les lithoclases, a provoqué les glissements de pans entiers de montagnes (Rossberg,
Elm, Diablerets, Granier, Saint-Laurent, Pas de Souci du Tarn,
Plurs, Alleghe, Dent du Midi, la Réunion, Nanga-Parbat, etc.).

Il est vrai que des chambres souterraines ont pu se disposer
naturellement entre les plus gros fragments des chaos d'effondrement arcboutés les uns contre les autres. Les causes premières n'en restent pas moins les lithoclases et l'eau. Les caves
de Roquefort (Aveyron) sont un exemple classique de ce type;
M. A. Janet (de Toulon) en a rencontré un autre, des plus
remarquables et imposants, dans le massif des Maures (Var) au
Saint-Trou de Roquebrune, avec une salle de 40 mètres de hauteur sur 10 à 12 mètres de diamètre.

Anciennes théories. — Une telle simplicité de l'origine des
cavernes n'a pas rallié toutes les opinions. On a édifié bien d'autres
théories; il importe d'autant plus de les passer rapidement en

revue, que quelques-unes renferment une part de vérité et sont
applicables tout au moins à certains cas particuliers.

Tremblements de terre. — Buffon d'abord invoquait les *tremblements de terre*; insuffisante comme cause unique, celle-ci n'est
cependant pas tout à fait négligeable: le 23 février 1828, un
phénomène séismique fit effondrer une partie du grand dôme de
Han-sur-Lesse, etc. (*Abimes*, p. 446).

Ceux du Chili (*La Nature*, n° 1136, p. 225, 9 mars 1895) et
de Grèce en 1894 ont ouvert de nombreuses crevasses, comme en
Calabre en 1783 (*C. R. Ac. des sc.*, 2 juillet et août 1894), etc.

En Serbie, à Zagubitza, le 1ᵉʳ mai 1893, une secousse séismique
produisit un gouffre de 8 mètres de profondeur sur le bord d'un
lac (Cvijic, *Spelunca*, n° 11).

Au contraire, le grand tremblement de terre, qui a ravagé en
1895 la ville de Laibach (Carniole) à diverses reprises, n'a eu
aucun retentissement dans les cavernes et abîmes de Saint-Canzian am Karst, Divacca, Trebic, Adelsberg, Kaćna Jama, etc.
(*Spelunca*, n° 2, et *Mém. soc. spéléol.*, n° 3).

Anciennes eaux chaudes. — En 1833, M. Parandier lut à
l'Académie des sciences et arts de Besançon (séance du 28 janvier
1833) une notice « sur les causes de l'existence des cavernes »
où il invoquait quatre ordres de faits : 1° la différence de dureté
ou de mollesse des calcaires ; 2° des eaux de corrosion plus denses
et plus chaudes que celles de nos jours : 3° des soulèvements de
terrain ayant produit des cassures ; 4° un brusque abaissement
des eaux provoqué par ces soulèvements. Il ne proclame pas
encore, aussi formellement que devait le faire Virlet trois ans plus
tard, la véritable importance des fissures du sol. Il est loisible
assurément de supposer que les eaux souterraines étaient jadis
plus chaudes, plus chargées d'acide carbonique, par conséquent
plus dissolvantes. Mais les faits qu'invoquait M. Parandier sont
quelque peu hypothétiques. Ses idées n'en ont pas moins été
presque intégralement *recopiées*, détail généralement ignoré, par
Marcel de Serres, dans son livre sur les cavernes à ossements,
dont la première édition est postérieure de deux ans au mémoire
de M. Parandier. — Ces deux auteurs ont soutenu aussi que
l'eau, par ses dépôts (stalagmites et argile), bouche les cavernes au
lieu de les agrandir ; cela est vrai pour les eaux dormantes et de
suintement, mais pas toujours pour les eaux courantes, dont le
mouvement empêche généralement les dépôts et active l'érosion
et la corrosion (*Abimes*, p. 539).

Expansion de gaz. — De Malbos (1) et Lecoq (2) ont voulu substituer à l'action de l'eau celle des *gaz dégagés* de l'intérieur de la terre; sauf ce que nous avons dit pour certaines cavernes volcaniques, cela est manifestement une erreur.

Simony et Zippe ont pensé que l'acide carbonique avait commencé par user, par *carier* les roches calcaires et que les écroulements étaient survenus ensuite.

Décompositions organiques. — Ami Boué (3) a même imaginé que certaines cavernes ont pu être agrandies par les gaz émanant des corps organiques en décomposition (animaux et végétaux) jetés ou charriés fortuitement.

Mais aujourd'hui tout le monde est d'accord (Fournet, Boisse, Thirria, Boyd-Dawkins, Phillips, Hughes, Neumayr, de Lapparent, etc.) pour bien reconnaître l'influence prépondérante des fissures et des eaux d'infiltration.

---

(1) Mémoire et Notice sur les grottes du Vivarais, 1853.
(2) Époques géologiques de l'Auvergne, t. II, p. 255.
(3) Pour bibliographie, v. Abîmes, p. 540.

CHAPITRE III

MODE D'ACTION DES EAUX SOUTERRAINES. — ÉROSION.
CORROSION. — PRESSION HYDROSTATIQUE.

Pénétration de l'eau dans la terre. Infiltration. — Il est constant que les eaux souterraines ont presque toutes pour origine commune les produits de la condensation atmosphérique, précipités sous forme de pluie et de neige, et partiellement engloutis dans les différents *méats* des terrains perméables, soit dans les interstices des formations meubles, soit dans les crevasses des roches fissurées à la surface même du sol.

Cet enfouissement se nomme l'*infiltration*, par opposition au *ruissellement*, qui laisse les eaux météoriques s'écouler à l'air libre sur les pentes des terrains imperméables.

Suivant qu'elles sont ou non arrêtées dans leur descente par des lits imperméables intercalaires, les eaux infiltrées ne pénètrent pas très bas dans l'épaisseur de l'écorce terrestre, ou bien elles s'enfoncent au contraire profondément : les premières forment les nappes *phréatiques* (eaux de puits, *grundwasser*) des terrains meubles, et les sources *ordinaires*, qui jaillissent aux points où une dépression quelconque recoupe une roche perméable superposée à une roche imperméable : ces sources sont froides ou tempérées (inférieures à 25°) ; — les secondes, après s'être échauffées plus ou moins bas dans la terre, remontent de plusieurs kilomètres parfois (1), très souvent par des failles (sources thermominérales et géothermales, geysers, etc.). Sauf accidentellement

---

(1) DELESSE (Recherches sur l'eau dans l'intérieur de la terre) pense qu'à 18 500 mètres seulement, à 600° de chaleur, l'équilibre se produit entre le poids des roches et la force élastique de la vapeur d'eau. Il y a, d'après lui, de l'eau souterraine libre jusqu'à 18 500 mètres.

dans des mines, les canaux et cavités que parcourent ces dernières n'ont pas été jusqu'à présent accessibles à l'homme.

Il est vrai que Miss Luella Owen vient de signaler que la grande *caverne du Vent* (Wind-Cave) près Hot-Springs (Dakota) serait, croit-on, « le lit d'un geyser éteint » présentant encore cette particularité de *souffler* de violents coups de vent ; mais cette indication si nouvelle devra être contrôlée par un examen scientifique approfondi (V. *Spelunca,* nos 5, 9 et 14 ; et Miss L. A. OWEN, *Cave-Regions of the Ozarks and Black bills,* in-8o).

Actuellement, on peut expliquer au moins comment les eaux d'infiltration ont opéré pour agrandir les lithoclases.

Érosion et corrosion. — La plus vive controverse s'est élevée à ce sujet entre les géologues : les uns affirment que l'*érosion* ou action mécanique de l'eau en mouvement charriant des graviers, galets, etc., est prépondérante ; les autres que la *corrosion* ou action chimique de l'eau chargée d'acide carbonique l'emporte.

On va voir, à l'aide d'exemples choisis, que, comme dans la plupart des théories relatives aux cavernes, aucune des deux n'est ici absolue : il faut, pour appliquer l'une de préférence à l'autre, distinguer entre les divers terrains. Il faut surtout généraliser et proclamer, avec M. Daubrée, que, dans les cavités naturelles, « l'action des eaux d'infiltration a été et est encore *à la fois* mécanique et chimique » (Eaux souterraines, I, 299).

Vouloir déterminer la part précise de chacune de ces deux actions, c'est poursuivre un problème aussi vain qu'insoluble.

Trois principes seulement peuvent être posés et reconnus dès maintenant comme définitifs :

1o La corrosion l'emporte dans la destruction des roches solubles comme le gypse et le sel gemme ;

2o L'érosion domine dans le creusement des grottes marines et de certaines cavernes volcaniques ;

3o Mais ces deux effets « s'exercent d'ordinaire ensemble, et ne doivent pas être étudiés séparément » (DE LAPPARENT, *Leçons de géogr. phys.,* p. 228).

D'ailleurs, « il n'est pour ainsi dire aucune substance qui soit « complètement insoluble » (DELESSE) (V. p. 19 les preuves du premier principe).

Érosion des grottes marines. — Le deuxième principe trouve sa principale confirmation dans cette observation universelle, que les grottes des rivages maritimes sont creusées parmi des terrains bien plus variés et bien plus résistants que les cavernes de l'intérieur des terres.

Assurément l'eau de mer est, jusqu'à un certain point, corrosive ; mais c'est plutôt par les chocs violents et réitérés de ses vagues de tempêtes qu'elle a pu creuser ces *puffing holes* de l'Irlande perforés de bas en haut, ces ponts naturels, ces portails énormes et ces cavités parfois profondes à Crozon dans les granits bretons, à Jobourg dans les schistes du Cotentin, au Trayas (Var) dans les porphyres de l'Esterel, aux îles Lipari dans des coulées trachytiques, aux falaises de Kilkee et de Moher (Irlande) dans les schistes ardoisiers carbonifères, à la pointe de l'Arche de l'île Kerguelen, à la chaussée des Géants (Irlande), à la grotte de Fingal (îles Hébrides, Staffa), dans les denses et ferrugineux basaltes, à Helgoland (mer du Nord), dans les grès bigarrés du trias, à l'île de Thorgatten, enfin dans les vieux gneiss norvégiens.

Toutes ces roches silicatées, quoiqu'attaquées dans une certaine mesure par l'eau et l'air chargés d'acide carbonique, se désagrègent surtout par les coups furieux d'une sape et d'une mitraille intermittentes, plutôt que par l'effet continu d'une lente dissolution. La fameuse caverne de Surtshellir, en Islande, qui a, dit-on, plus de 1 500 mètres de longueur dans la lave, paraît due à l'élargissement de fissures de refroidissement par l'érosion d'un cours d'eau, qui cherchait sa route sous la coulée ou qui y retrouvait un ancien lit de rivière comblé par cette coulée. La corrosion paraît borner son effet sur le basalte à le revêtir d'une couche d'oxyde de fer qui devient plutôt protectrice. La chaussée des Géants est instructive à ce point de vue : les galets et fragments de prismes, qui en forment les plages, n'ont nullement l'aspect spongieux des fragments détachés des falaises calcaires ; bien souvent, ils sont *roulés*, malgré leur dureté, jamais rongés ; c'est assurément par choc mécanique et non par usure chimique que leurs prismes se dissocient.

Tout cela démontre surabondamment qu'il est impossible de dire, avec M. Édouard Dupont, « qu'à tous points de vue l'action « mécanique doit être écartée comme phénomène générateur « des cavernes » (Phénomènes généraux des cavernes).

Du moment que l'on explique surtout par l'érosion les crevasses gigantesques des *cañons*, les accidents étranges des *Erd-Pyramiden*, cheminées des fées, obélisques naturels, ports de

rochers, etc., il est irrationnel de ne pas concéder aux ondes
souterraines la puissance que l'on prête aux flots superficiels, alors
surtout que, emprisonnée dans les étroitesses des cavernes, l'eau
doit acquérir par *pression hydrostatique* une force considérable
qui multiplie les énergies destructives.

Preuves de la corrosion. — Quant au troisième principe,
n'importe quelle grande grotte à rivière souterraine des terrains
calcaires montrera juxtaposés aux yeux les moins clairvoyants
les doubles et distincts, quoique simultanés, effets de la corrosion
et de l'érosion : au Tindoul de la Vayssière (Aveyron), à la Pou-
jade (Aveyron), à Han-sur-Lesse (Belgique), à la Piuka d'Adelsberg (Autriche), à Marble-Arch (Irlande), etc., etc., en un mot
partout où l'eau passe ou a passé, dans les galeries calcaires souterraines, la corrosion se révèle par les trois indices suivants.
D'abord l'aspect tourmenté des parois, *cupulées*, c'est-à-dire
creusées de petites concavités peu profondes, mais très rapprochées, ou *rayées* de rigoles plus ou moins sinueuses et accentuées ;
cet aspect varie à l'infini selon le degré de résistance du calcaire :
dans certaines *igues* (gouffres) du Causse de Gramat, la roche
semble perforée de véritables trous de vers discontinus, comme
une pomme gâtée ; au Tindoul, à Adelsberg et dans les calcaires
carbonifères d'Irlande, noirs et compacts, les assises en place et
les blocs éboulés sont, dans le sens du courant, zébrés de petites
rigoles longitudinales parallèles, comme celles que les cinq doigts
de la main pourraient tracer dans une argile humide. Ce curieux
effet est si trompeur, que l'on prend souvent pour de la glaise
molle la pierre ainsi corrodée ; il rappelle tout à fait les *Lapiaz,
Rascles, Schrattenfelder, Karrenfelder* des massifs calcaires alpestres (1). Si la roche est plus tendre, elle devient friable sur 1 ou
2 centimètres d'épaisseur, décomposée par l'acide de l'eau et se
délitant alors sous la main, comme à l'igue de Biau (Lot) (les
Abîmes, p. 303) et à la sortie de la source de Fonderbie, près
Limogne (Lot), dont la galerie, praticable sur 230 mètres en
temps de sécheresse, est surtout l'œuvre de la corrosion.

---

(1) V. Abîmes, p. 110 et 519 ; — SIMONY. Das Dachstein Gebiet.
Vienne, Hölzel, 1891-1895, in-4 ; — DE LAPPARENT. Géologie, 3ᵉ édit.,
p. 315 ; — Émile CHAIX. Topographie du désert de Platé (Haute-
Savoie). *Le Globe* (Société géographique de Genève), t. XXXIII, 5ᵉ
série, t. V, *Mémoires*, p. 67-108.

Peut-être les plus curieux effets de ce genre sont-ils ceux de l'isthme de calcaire carbonifère qui sépare, ou plutôt ne laisse communiquer que souterrainement, les deux *loughs* (lacs) Mask et Corrib en Irlande.

L'eau y a si bien *mangé* la pierre, qu'il est très possible que la corrosion ait suffi à frayer un passage au liquide entre les parallélipipèdes de la roche et qu'elle ait fait de l'isthme un crible à larges mailles, sans que l'érosion ait eu besoin d'y façonner les *joints* et les diaclases en ces larges et longues galeries que nous sommes habitués à rencontrer sous les terrains calcaires (1).

2° Les amas d'argile rouge qui, dans l'intérieur des cavernes, sont plus souvent, il faut le reconnaître, le produit local de la décomposition chimique du calcaire que des alluvions apportées de l'extérieur. — Fréquemment ces amas ont bouché des galeries rétrécies qu'il serait facile de désobstruer (*Abîmes*, p. 539).

3° Au débouché des rivières souterraines, les tufs ou travertins, souvent considérables, déposés principalement quand l'eau sort en cascades dont la chute facilite l'évaporation : l'excédent du carbonate de chaux enlevé par l'eau aux roches internes se précipite alors de nouveau, formant la contre-partie du résidu argileux laissé à l'intérieur (source de la Sorgues, Aveyron ; — Grotte de Baume-les-Messieurs, à la source du Dard, Jura ; — la Boudène, Gard ; — Salles-la-Source, etc., v. p. 19).

Preuves de l'érosion. — Passant maintenant aux effets de l'*érosion*, nous verrons qu'elle est bien le principal auteur des *décollements* (2) de strates qui forment tant d'éboulements. Presque toutes les rivières souterraines ont leur cours plus ou moins barré par des portions d'assises rocheuses, tombées en travers de leurs lits ; il suffit pour cela que l'eau chasse, dans les *joints* de strates, des graviers et même des galets que sa pression, d'amont en aval, enfonce de plus en plus, comme un coin dans une pièce de bois : à la longue, le coin fait éclater le *joint*, et, si la disposition des *diaclases*, perpendiculaires ou obliques aux joints, s'y

(1) V. pour plus de détails sur cette curieuse localité : MARTEL. Irlande et cavernes anglaises, chap. VI. Paris, Delagrave, 1897, in-8.
(2) Ce sont ces décollements de strates qui, à Adelsberg, ont fait imaginer par Schmidl des chutes de *cloisons* mettant en communication des chambres préexistantes. Adelsberg, p. 133 et 198.

prête, une forte portion de strate généralement parallélipipédique se détachera de la voûte ou de la paroi. Dans sa chute, souvent la strate se brise en gros ou menus fragments qui, roulés par l'eau, vont faire coin à leur tour entre les strates d'aval ; ceux-là, plus ou moins immergés, achèvent de se désagréger sous le choc ou la morsure du courant (V. *Abîmes*, p. 540). Ce *processus* est particulièrement bien indiqué dans la rivière souterraine du Tindoul et de Salles-la-Source et dans la source d'Arch-Cave, près Enniskillen (V. *Irlande et cavernes anglaises*, chap. III).

Dans la craie blanche, à l'antre immense de Miremont ou Cro de Granville (1) (Dordogne ; 4 900 mètres de développement) et des curieuses petites grottes naturelles de Caumont (Eure), le milieu est si tendre et délayable, qu'il est impossible de distinguer l'une de l'autre la corrosion et l'érosion. Il en est de même pour les grottes marines du Drach, Victoria, du Pirate, près Manacor, île de Majorque, dans le calcaire miocène.

Coupoles des voûtes. — Cependant, c'est assurément l'érosion qui a creusé dans les voûtes un certain nombre de concavités en forme de coupoles, vraies marmites de géants renversées ; on en rencontre dans toutes les cavernes, même dans les calcaires si durs de Peak-Cavern (Derbyshire) et d'Ingleborough (Yorkshire) : elles sont dues au tournoiement de l'eau sous pression. Enfin, les angles émoussés, les surfaces polies comme du marbre, les galets roulés, les larges gouttières d'écoulement, etc., abondent pour trahir à chaque pas l'énorme importance de l'érosion.

Cailloux roulés. — Le phénomène des *cailloux roulés* est bien caractéristique : à Miremont (Dordogne), des rognons de silex ont été émoussés en forme d'œufs ; — des boules sphériques de calcaire poli abondent dans la Piuka, à Adelsberg, — dans les profondeurs de la source périodique de la Luire (Vercors) récemment explorée, — ainsi que dans nombre de sources jaillissant des calcaires ; les plus réguliers ont été recueillis dans les canaux de la source que fit découvrir le 3 janvier 1883 l'éboulement (provoqué par le travail même de cette source) du

(1) ALLOU. *Annales des Mines*, t. VII, 1822, et chap. xx des *Abîmes*.

tunnel du 'Grand-Credo, près Bellegarde (1) (Haute-Savoie) (*Revue générale de Chemins de fer*, mars 1883, p. 283 et mars 1887, p. 184 et CH. LENTHÉRIC, *le Rhône*).

C'est au sein même des eaux courantes, jaillissantes ou tombantes, que les galets sont ballottés contre les parois circulaires de certaines cavités, autour desquelles ils accomplissent un continuel mouvement de rotation, et qu'ils usent et polissent peu à peu, en s'usant et se polissant eux-mêmes.

Pression hydrostatique. — Les effets de la pression hydrostatique, de l'eau agissant par le poids d'une colonne liquide haute de plusieurs atmosphères, seront plus commodément étudiés plus loin, à propos des conduites forcées des rivières souterraines.

Il faut conclure que, pour les rivières souterraines des formations calcaires, l'action chimique et l'action mécanique ne doivent pas être considérées comme agissant séparément.

M. Jean Brunhes l'a démontré à l'air libre (*Sur quelques phénomènes d'érosion et de corrosion fluviales. C. R. Acad. des sc.*, 14 février 1898) en décrivant des marmites de géants formées, en *vingt-cinq ans* seulement, au fond d'un canal artificiel creusé de 1870 à 1872 dans une mollasse homogène et très tendre, près de Fribourg (Suisse) ; c'est un admirable exemple des effets considérables que peuvent produire l'érosion et la corrosion combinées des eaux courantes (M. de Lapparent, *la Nature* du 4 juin 1898, n° 1305).

---

(1) Éboulement qui vient de se renouveler le 2 janvier 1900.

CHAPITRE IV

CIRCULATION DES EAUX DANS L'INTÉRIEUR DES TERRAINS FIS-
SURÉS. — ABSORPTION PAR LES CREVASSES, PERTES ET ABIMES.
— CONFUSION DE LA NOMENCLATURE. — EMMAGASINEMENT DANS
LES RÉSERVOIRS DES CAVERNES ET LES RIVIÈRES SOUTERRAINES.
— LEUR EXTENSION EN HAUTEUR ET LONGUEUR. — ABSENCE
DES NAPPES D'EAU. — ISSUE DES EAUX PAR LES SOURCES.

Pertes des eaux dans les fissures du sol. — La circulation
souterraine comprend : 1° le mode d'introduction dans le sol;
2° celui de l'écoulement ou de la propagation à l'intérieur;
3° celui de la sortie sous forme de sources et fontaines.

1° *Pénétration dans le sol.* — Les eaux météoriques pénètrent
dans les fissures des terrains crevassés de diverses manières: ou
bien goutte à goutte, et inégalement vite, dans les toutes petites
fentes (leptoclases de Daubrée), plus ou moins bien obturées par
la terre végétale: c'est ce qu'on nomme particulièrement le *suintement*; — ou bien sous forme de ruisseaux nés sur des terrains
imperméables et qui, amenés par leur pente au contact des formations crevassées, s'y perdent subitement dans des fentes assez
larges pour les engloutir en entier; le terme d'*absorption* est
généralement consacré à ce deuxième mode de pénétration. Les
fentes d'absorption elles-mêmes sont de trois sortes : *entonnoirs*
sans profondeur, remplis de terre, de bois mort et d'autres matériaux de transport, entre lesquels l'eau seule peut trouver un
passage; ils sont bouchés pour l'homme; — *cavernes* à pente
douce ou rapide (Han-sur-Lesse, Adelsberg, Bramabiau, etc.),
où le courant peut être suivi plus ou moins loin; le terme de
goule qu'on leur applique dans l'Ardèche (goules de Foussoubie,
de la Baume, de Sauvas, etc.), et qui donne bien l'idée d'une
bouche largement ouverte (*gula*, gueule) et toujours prête à
l'engloutissement des eaux, aurait pu être adapté d'une façon

générale à cette catégorie de points d'absorption ; malheureusement, on donne aussi le nom de goules, dans le département de
l'Isère (Goule-Noire, Goule-Blanche près Pont-en-Royans, etc.)
aux fontaines qui sont justement le phénomène inverse ; — *puits
verticaux naturels* enfin, *abîmes* (avens) où les ruisseaux (temporaires ou permanents selon les climats locaux) se précipitent
brusquement dans des profondeurs à pic.

Confusion des nomenclatures. — Une inextricable confusion, origine des plus regrettables malentendus, règne dans la
nomenclature, et par suite dans la classification de ces trois sortes
de points de pénétration et de leurs formes intermédiaires. Les
trois ouvrages de MM. Kraus, Cvijic et Martel n'ont pas pu
encore identifier, dans une bonne terminologie, les innombrables
noms locaux qui, en France et en Autriche surtout, s'emploient
trop souvent les uns pour les autres. On jugera, d'après le tableau
ci-contre, qui n'est d'ailleurs en aucune façon complet, à quel
degré d'imbroglio la disparité des langues a porté la littérature
géographique, en ce qui touche les *points d'absorption* des eaux
météoriques par les *fissures naturelles* de l'écorce terrestre.

Voici, à notre connaissance, quelles sont les variétés de déno-
minations employées, suivant les pays :

PAYS	PROVINCES OU RÉGIONS	PERTES BOUCHÉES (impénétrables).	PERTES OUVERTES (pénétrables).	ABIMES (puits verticaux).
France.	Ardèche.		Goules.	Avens.
	Normandie.	Bétoires, fosses, gouffres, mardelles.		
	Aveyron (Rouergue).	Bétoires.		Tindouls.
	Champagne.	Endouzoirs.		Fosses.
	Lot (Quercy).	Cloups.		Igues.
	Dordogne.			Eydzes.
	Charente.	Trou.		Fosses.
	Hérault.	Boit tout.		
	Flandre, Artois.	Marquois, fontis, puisards		
	Jura.	Entonnoirs.	Emposieux.	Bornes, trous, zones, lazunes.
		Bourbouillous.	Embouteillous.	
	Côte-d'Or.			Creux.
	Vercors.	Pots.		Scialets ou cialers.
	Dévoluy.			Chouruns.
	Provence.		Embuts.	Gouffres, ragagés.
	Béarn.	Clots ou Clottes.	Clots.	Clots.
	Aude.			Barrancs.
Autriche.	Carniole, Karst.	Sauglöcher (suçoirs).	Schwinde.	Trichter (entonnoirs), jama, schacht.
	Istrie.	Dolines, Bedenj.	Foibe.	Schlund, Abgrund, Brünnen, Brezdno.
	Dalmatie.	Vetlina.		Schlotten (cheminées).
	Moravie.	Propadanî.		Propast, Erdfälle.
		Zavrtek.		
Bosnie-Herzégovine.		Pôniqué.		
Monténégro.		Pôniqué.	Ponor.	Roudinas.
		Krisov-Do.		
Serbie.		Vrtaca, Vrtop.		
Bulgarie.		Ponor.	Emy.	
		Vartop.		
Grèce.		Katavothres.	Katavothres.	Katavothres.
Belgique.		Chantoires,	Aiguigeois.	
			(ou réciproquement.)	
Angleterre. . . .		Pot-Holes.	Swallow-Holes.	
Irlande.				Sluggas.
Italie.	Vénétie.	Doline, Dolazzi.	Foibe.	Spilughe, Vortici, Caldiere, Lore, Covoli, Busi, Valu, Abissi, etc., etc., Slunte.
	Frioul.	Inglotidors, cegolis, pléris.		
	Consiglio.			Lame, piaje, sperlonghe.
	Ombrie et Abruzzes.	Fosse.	Inghiottitori.	
	Pouille.	Puli, gorghi, ausi, gravi, calagiuni, murrituri.		
	Piémont.	Gorge, balme.		
	Sicile.	Zubbi.		
Amérique du Nord.			Sink-Holes.	Sink-Holes.
Colombie . . .				Hoyos.

Il faut, provisoirement, renoncer à débrouiller ce chaos.

2° *Écoulement de l'eau dans l'intérieur du sol.* — On sait quelle distinction a été établie par MM. Delesse, Daubrée, Ed. Dupont, de Lapparent, etc. (*Abîmes*, p. 537 à 554) entre les terrains meubles, fragmentaires ou incohérents et les terrains fissurés. Dans les premiers l'*imbibition* de toute la masse donne naissance à de *vraies nappes d'eau*; dans les seconds, le *suintement* et l'*infiltration* ne pouvant se produire que par les fentes naturelles, et l'eau ne pénétrant pas l'intérieur des blocs compacts délimités par ces fentes (si ce n'est dans la très petite proportion de l'*eau de carrière* introduite par la capillarité), il y a un *réseau de canaux* confluant des plus petits aux plus grands; peu à peu, dans les profondeurs invisibles, la concentration de toutes les particules et de tous les filets d'eau forme un courant, qui ne tarde pas à devenir une vraie *rivière souterraine*.

Parmi les plus probants exemples de ce mode de circulation, il faut citer la rivière souterraine de Padirac (Lot), les avens de Sauve (Gard), le Brudoux (Drôme), etc., reconnus seulement depuis 1889.

Les avens de Sauve surtout (dont les *poches* d'eau atteignent jusqu'à 29 *mètres de profondeur*) montrent, avec toutes les récentes recherches souterraines, que, dans les terrains calcaires, les réservoirs naturels des sources ne sont pas, comme on l'enseigne encore, des nappes d'eau *étendues en tous sens*, ainsi que dans les terrains sablonneux, mais bien de vraies rivières, à niveau variable et à écoulement plus ou moins rapide, dans des galeries développées surtout en hauteur et en longueur (Mémoires Soc. Spéléologie n° 20, juin 1899).

Rivières souterraines, confluents. — La similitude entre les circulations souterraines et superficielles a été confirmée par la rencontre de véritables confluents dans les grottes de Planina, — Marble-Arch (Irlande), — Goulin (Isère).

Et il n'est plus possible de méconnaître que les fontaines puissantes du calcaire ne jaillissent, si subites et si abondantes, que comme résultantes et combinaisons de tout un système de ruisseaux intérieurs affluents les uns des autres.

Absence des nappes d'eau dans les calcaires. — Cependant quelques géologues, et surtout beaucoup d'ingénieurs, se refusent encore à admettre que le mode de circulation des eaux souterraines des terrains fissurés soit ainsi comparable   celui des ruisseaux et rivières de la surface, ou au système d'égouts (gouttières et collecteurs) d'une grande ville.

Aussi ne saurait-on trop insister (avec M. Daubrée : *Eaux souterraines*, I, p. 18) pour demander la proscription, en de pareils terrains, du terme de *nappes d'eau* : il faut bien se persuader qu'il n'y a pas dans les terrains fissurés de ces *nappes continues, spéciales aux terrains meubles ou poreux*. Il n'y a pas de *couche aqueuse* entre l'argile et les calcaires. Toutes les explorations de ces dernières années ont montré que, dans les calcaires, l'eau circule à travers des couloirs, des diaclases plus ou moins élargies, ou bien entre les joints de stratification. Jamais on n'a constaté l'existence de ces grands réservoirs internes qui devaient, au dire des anciens auteurs, alimenter les sources pérennes et leur servir de régulateurs. Même lorsque, comme à Salles-la-Source (Aveyron), plusieurs sources sont juxtaposées sur un seul niveau à des distances parfois assez grandes, il ne faut nullement conclure à l'existence d'une *nappe continue*; il a été vérifié que, dans ce cas, et du moins dans les calcaires fissurés, on se trouve en présence d'un véritable *delta souterrain*, chaque point d'émergence étant la bouche d'un canal intérieur distinct et défini.

Tout ce que l'on peut dire, c'est que l'eau descend à travers les fissures du sol et sous l'influence de la pesanteur, jusqu'à ce qu'elle ait trouvé un *niveau hydrostatique*, au contact de formations imperméables qui, selon leur degré d'inclinaison sur l'horizon, la feront s'écouler plus ou moins rapidement vers les sources, et pourront même par places l'accumuler au fond de creux ou poches à peu près stagnantes.

Si nous insistons aussi longuement sur ce point, c'est que, tout dernièrement, un important et savant travail de M. Keller sur la *Saturation hygrométrique de l'écorce du globe; Détermination de l'eau de carrière* (*Annales des Mines*, juillet 1897, p. 32-87. Paris, Dunod) propage encore la croyance à l'existence, sous *tous* les terrains, de vraies « nappes d'eau, en général ondulées comme « le sont le plus souvent les couches sédimentaires ». Or il n'est plus possible de dire, avec M. Keller, que « lorsque les grottes vides « se trouvent par leur situation *en contact avec la partie supérieure* « *d'une nappe aquifère*, elles se remplissent d'eau et se vident « alternativement, suivant que la *nappe* elle-même se gonfle ou « se dégonfle sous l'action des pluies ou de la sécheresse ». Cette conception du régime hydrologique des calcaires, très en faveur chez les savants belges, est absolument fausse. Substituons donc une bonne fois les *poches* et les *courants* aux nappes, et signalons qu'il faut que la légende de la feuille Forcalquier de la carte géologique au 80 000e soit corrigée, quand elle dit que la fontaine de Vaucluse est alimentée par une *nappe* souterraine; *cela est inexact.* Vaucluse est le débouché d'un *fleuve,* formé sous la terre par la convergence d'innombrables filets intérieurs drainant, par les avens et fissures du sol, toutes les eaux des plateaux de Saint-Christol, Banon, Sault, etc. Il ne faut plus qu'on parle du *grand lac souterrain* alimentant les sources du cañon de l'Ardèche ou de la Touvre. Cette malencontreuse expression fausse absolument les idées et les recherches. D'après M. Kraus (*Höhlenkunde*, p. 137) la compagnie du chemin de fer de Carlstadt à Fiume, en Croatie, aurait dépensé 30 000 florins à forer des puits pour trouver de l'eau qui ne s'est pas rencontrée! — Aux environs de Châlons-sur-Marne, le niveau de l'eau varie considérablement entre des puits très rapprochés (DAUBRÉE, Eaux souterraines, t. I, p. 198). — « Si une mauvaise chance vous fait « tomber sur une portion de la roche calcaire bien compacte, vous « avez exécuté un travail inutile » (ARAGO, Notice sur les puits artésiens, 1835). Dans un récent et important mémoire sur la nitrification et la pureté des eaux de sources (C.R. Ac. Scie. 13 avril 1896), M. Th. Schlœsing a dit que, pour les terrains fissurés, « la nappe souterraine est discontinue, au lieu d'être continue ». Ce correctif n'est pas suffisant encore : il faut professer, répétons-le, que, dans ces terrains, les *courants* et les *poches* remplacent les nappes. Les plus grands lacs ou nappes d'eau de cavernes actuellement connues n'atteignent pas 100 mètres de *largeur* : la longueur, la hauteur, l'étroitesse l'emportent toujours de beaucoup. Comment expliquer sans cela les énormes dénivellations, les considérables ascensions d'eau que l'on a observées dans des puits tantôt absorbants, tantôt jaillissants comme les sauglöcher de Zirknitz, — à Trebiciano (Istrie; profondeur, 322 mètres), où l'on a vu la rivière souterraine s'élever de 119 mètres en octobre 1870 et de 96 mètres le 30 octobre 1895, — aux Vitarelles (Lot; profondeur, 85 mètres) quelquefois à moitié pleines d'eau, — à la Mazocha (Moravie; profondeur, 136 mètres) où l'eau monte de 30 à 35 mètres, etc.; — aux *turloughs* d'Irlande, à la Kačna-Jama (Istrie), etc.

Poches d'eau des granits. Puits de diamant. — Les formations granitiques elles-mêmes, compactes par leur nature plus que toutes les autres, se sont tout récemment chargées aussi de mettre obstacle à l'extension exagérée de la théorie des *nappes*, et cela par l'ingénieuse création des *puits de diamant* de la Suède, imaginée par l'illustre Nordenskjöld ; ils doivent leur nom aux diamants employés pour les forer. Du printemps 1894 à novembre 1897, on en a creusé quarante-quatre, en plein granit, entre 30 et 50 mètres de profondeur, aboutissant à des *veines* d'eau douce donnant de 500 à 2 000 litres par heure (C. R. Acad. Sc., t. 120, p. 859, 22 avril 1895 et *Geographical journal*, novembre 1897, Londres). On ne saurait certes imaginer une nappe d'eau continue dans le granit ; d'ailleurs, l'inégalité de la température de ces puits (6° à 13°) prouve bien que l'on a affaire à des poches ou réservoirs localisés dans des fissures limitées.

M. de Lapparent a récemment consacré de sa haute autorité notre manière de voir. « Dans les calcaires fissurés..., les cours « d'eau sont assez espacés, car chacun d'eux exige la concentra- « tion préalable, par cheminement souterrain, des pluies tombées « sur une grande superficie » (*Leçons de géogr. phys.*, p. 87).

Issues des rivières souterraines. Sources et résurgences.
3° *Mode de sortie des eaux souterraines.* — Il est établi maintenant que, presque partout, le parcours des rivières souterraines des terrains fissurés est entravé par des sortes de *siphonnements,* ou siphons d'aqueducs ou pseudo-siphons ; ils se manifestent sous la forme de voûtes *mouillantes,* c'est-à-dire de murailles rocheuses immergées dans l'eau sur une profondeur et une épaisseur variables, généralement impossibles à déterminer.

Ces siphonnements, véritables vannes fixes, de section restreinte, régularisent dans une certaine mesure le débit des eaux souterraines, qu'ils retiennent pour partie dans les réservoirs ou espaces libres situés en amont. Nous les étudierons p. 60.

Sources vauclusiennes et siphonnements. — On a donné le nom de sources *Vauclusiennes* aux fontaines des terrains fissurés qui, comme Vaucluse, jaillissent directement d'un tel conduit.

J'ai expliqué ailleurs (les Abîmes, p. 553) comment l'emploi de ce terme, à titre générique, n'est pas justifié, et j'ai donné les plans et coupes d'un certain nombre de siphonnements que j'ai trouvés désamorcés. J'en ai signalé aussi plusieurs dont la disposition laisse espérer que, dans beaucoup de cas, il suffirait sans doute, pour dépasser l'obstacle d'un siphonnement et retrouver l'espace libre au delà, de percer quelques mètres de roche, normalement aux plans des diaclases ou fissures utilisées par l'eau. Cela permet-

trait même peut-être de rendre plus efficace le rôle de régulateurs dévolus à ces rétrécissements sous-aqueux, si, connaissant
leurs figures et dimensions exactes, on pouvait, par quelques
travaux artificiels, les transformer en vannes mobiles et les asservir ainsi complètement à divers besoins économiques.

Il serait trop long d'expliquer en détail la classification propo-
sée pour les diverses formes de sources des terrains fissurés (v.
les Abîmes, p. 549), où l'on peut distinguer les sources *ouvertes*
ou *fermées* (c'est-à-dire pénétrables ou non à l'homme), de *recou-
pement* (au flanc d'une vallée), ou de *fond* (au milieu des vallons,
et même des fleuves, lacs ou mers, sources sous-fluviales, sous-lacustres, sous-marines), — *tombantes* ou *remontantes*, — *calmes* ou
jaillissantes, — *froides*, *tempérées* ou *chaudes*, — *pérennes* (c'est-à-
dire coulant toute l'année, *per annum*), — *périodiques* ou *intermittentes*,etc., etc. C'est là de l'hydrologie et de la géographie physique plutôt que de la spéléologie.

Mais il est nécessaire de remarquer qu'il ne faut pas considérer
comme des sources proprement dites les rivières qui, formées à
l'air libre et perdues dans le sol, reparaissent après un plus
ou moins long parcours souterrain, comme la Lesse à Han, la
Piuka à Planina, la Punkva en Moravie, la Buna à Blagaj (Her-
zégovine), l'Ombla à Raguse (Dalmatie), la plupart des Kephla-
lovrysis (sources) de Grèce, les fontaines du Jura, le Clapham-
Beck à Ingleborough, la Cladagh à Marble-Arch (Irlande), etc.
M. Schlœsing, dans le mémoire cité ci-dessus, a sanctionné cette
distinction entre les vraies et les *fausses sources* et montré quelle
importance elle présente, au point de vue hygiénique, pour la
filtration et la pureté des eaux.

Résurgences ou fausses (?) sources. — Faut-il réellement
appeler *fausses sources* ces véritables résurrections de rivières ; il
semble que non et que le terme de réapparition ou mieux de
résurgences leur conviendrait mieux, car ce ne sont en aucune
façon des sources, puisque leurs eaux (au moins pour la majeure
partie) ont déjà pris contact, en amont, avec l'air libre extérieur
et surtout avec ses impuretés.

D'autres détails suivront bientôt sur tout cela ; il faut en venir
à la formule concluante du présent chapitre, qui est la suivante :
les eaux d'infiltration sont absorbées par les pertes, abîmes et
autres crevasses superficielles, — emmagasinées par les cavernes,
— et rendues ou débitées par les résurgences.

CHAPITRE V

Les abimes ou puits naturels. — Une catégorie particulière de cavités est désignée sous le nom d'*abimes* ou de *gouffres*; c'est seulement depuis une dizaine d'années que leur exploration, tou- jours difficile, souvent dangereuse, a été entreprise d'une façon méthodique et scientifique.

Par définition, les abimes sont des trous horizontaux, de formes et de dimensions diverses, s'ouvrant à la surface du sol et s'en- fonçant plus ou moins verticalement dans sa profondeur.

Leur diamètre varie de quelques centimètres à plusieurs cen- taines de mètres et les plus profonds dépassent 3oo mètres.

Leur origine, marmites de géants (érosion). — L'expli- cation de leur origine a soulevé parmi les géologues les plus vives polémiques et suscité de graves erreurs.

Il faut les considérer en principe comme formés de haut en bas par l'action chimique et mécanique d'eaux engouffrées dans de grandes diaclases verticales.

Cette idée est confirmée par les *swallow-holes* d'Irlande et d'Angleterre, qui, à la différence de ceux des Causses et du Karst, fonctionnent encore en tant que puits d'absorption superficielle.

Ils démontrent péremptoirement que l'érosion (choc des co- lonnes d'eau et des pierres qu'elles entraînent) est un puissant facteur d'élargissement, nullement exclusif d'ailleurs de la cor- rosion, et que la grande majorité des puits naturels des terrains fissurés a bien été creusée de haut en bas, comme de colossales

marmites de géants, plus larges en bas qu'en haut, à cause de
l'échappement des eaux par la . partie inférieure. Il faut être
absolument affirmatif sur ce point. Ceux qui n'absorbent plus
d'eau actuellement peuvent être considérés comme *morts* : la
plupart d'ailleurs ont conservé sur un côté de leur orifice un
thalweg, ou un ravinement tracé par les courants d'antan. A
l'intérieur, certains sont rayés d'une spirale ou hélice que l'eau
seule a pu produire (V. Abîmes, *passim*).

En dehors de la Grande-Bretagne on citera comme puits verticaux absorbant encore des ruisseaux : l'embut de Saint-Lambert
(plateau de Caussols, Alpes-Maritimes), le Trou di Toro (Mala-
detta, Pyrénées), la perte de la Ljuta (près Raguse, Dalmatie),
certains katavothres de la plaine de Tripolis (Péloponèse), etc.

D'autres n'engloutissent d'eau qu'après les violents orages, par
exemple la Ferla en Catalogne (profond de 105 mètres), l'aven
du Villaret, près Mende (Lozère) (*Spelunca*, n° 12, p. 181) et
plusieurs autres des grands Causses de la Lozère, qui contribuent
à alimenter les sources riveraines du Tarn, de la Jonte, de la
Dourbie, etc. On sait même des cas où ces avens ne suffisent pas
à absorber les chutes d'eau exceptionnelles, et où de vrais petits
lacs temporaires se forment pour quelques heures à la surface,
cependant si perméable, des Causses. J'ai observé pareil phénomène sur le Karst en Istrie, en octobre 1896, et il s'est produit
sur les plateaux de Vaucluse en janvier 1895.

C'est à l'humidité plus grande du climat, et aussi à la fréquence
des sols tourbeux imperméables, qui y précipitent encore tant
de ruisseaux pérennes, que les *swallows-holes* britanniques doivent
d'être demeurés, en quelque sorte, *vivants* de nos jours.

Le plus caractéristique est, dans le Yorkshire, le *Gaping-Ghyll*,
ouvert sur la montagne calcaire d'Ingleborough ; une rivière vient
s'y abîmer en un saut de 100 mètres sous terre. Divers savants
et touristes anglais avaient vainement tenté d'y descendre en 1845,
en 1870 et en 1894 ; ils n'avaient pu parvenir qu'à 60 mètres de
profondeur, alors que le fond est à 103 mètres.

J'ai réussi à l'atteindre le 1er août 1895, et à y découvrir une
grande salle de 150 mètres de longueur, 30 de hauteur et 25 de
largeur, que les eaux ont agrandie, parce que son plancher était
imperméable et qu'elles ne pouvaient descendre plus bas.

Toute l'eau qui vient du Gaping va ressortir, à 1 600 mètres
de distance, à travers des canaux souterrains, que l'on ne connaît
pas encore tous, par la caverne d'*Ingleborough* ; en sorte que les

eaux du plateau supérieur tombent dans le gouffre, s'emmagasinent dans la caverne et vont sortir par la source, conformément au principe énoncé p. 38.

Le Rowten Pot, exploré en juillet 1897, est plus profond (111 mètres), mais composé de six puits successifs au lieu d'un seul, et terminé par des fissures impénétrables où l'eau des cascades absorbées peut seule trouver passage (V. *Spelunca*, n° 13).

Il est donc bien démontré que les eaux de pluie et des ruisseaux pénètrent verticalement dans la terre par les abîmes, ou bien y ont pénétré autrefois à des époques plus humides.

L'origine glaciaire des abîmes. — Dans une savante étude sur les Alpes-Maritimes (*Bollet. del club alpino italiano* 1897, p. 219 et 594) M. Alb. Viglino décrit les phénomènes *carsiques* (ou *karstiques*, autrement dits *calcaires*) des Scevolai (Marguareis, col de Tende), à plus de 2 000 mètres d'altitude.

Il y a là de nombreux *inghiottitori* ou *avens* : M. Viglino en a examiné 22, tous alignés, et produits par l'érosion mécanique de l'eau et l'action chimique de la neige. Il pense que certains ont pu être formés au fond, et en prolongement des *moulins*, d'anciens glaciers disparus. Cette théorie mérite la plus sérieuse attention ; nous la signalons aux glaciéristes.

M. Plunkett (d'Enniskillen, Irlande) pense également que les swallows-holes et rivières souterraines d'Irlande ont été formés par l'action glaciaire toute puissante qui a laissé dans cette île de si nombreux et indiscutables témoins.

Si l'on avait trouvé des traces d'anciens glaciers sur les Causses, j'opinerais sans hésiter que les avens de ces plateaux sont aussi l'œuvre et les témoins de leurs moulins (V. *Spelunca*, n° 12, p. 200) ; mais ces traces n'ont pas encore été rencontrées et elles ne le seront sans doute jamais, à cause de la nature si altérable des plateaux et roches calcaires et des modifications continuelles que les agents atmosphériques font subir à leurs surfaces. Cependant, je crois devoir indiquer au moins cette hypothèse d'une origine glaciaire possible, à cause de l'existence constatée de moraines au nord des Causses, sur les granits de l'Aubrac (G. Fabre, C. R. Ac. Scie., 18 août 1873, p. 495) et du mont Lozère (Ch. Martins, C. R. Ac. Sciences, 9 novembre 1868, p. 933).

Abîmes inachevés. — A Padirac (Lot), la fissure que forme aujourd'hui le *Grand Dôme*, haut de 91 mètres, est un excellent type d'abîme *inachevé*, c'est-à-dire non ouvert par le haut; elle montre clairement que, conformément à tout ce que l'on a observé dans les gouffres, un puits naturel eût très bien pu se former là, soit par effondrement total de la voûte, soit si quelque notable ruisseau superficiel avait eu la puissance de perforer cette voûte par érosion ou corrosion ; on aurait eu alors, au lieu d'une caverne, un abîme greffé latéralement sur une rivière souterraine, comme ceux de Rabanel, du Mas-Raynal, des Combettes, par exemple. Il en est de même des énormes *avens* intérieurs des cavernes du Peak et de la Speedwell-Mine (Derbyshine).

Principaux abîmes. — Les plus profonds puits naturels (sauf Trebič, en partie artificiel) actuellement connus sont ceux du Karst, où les huit suivants ont plus de 200 mètres :

Lindner-Höhle à Trebič, 322 mètres ; Kačna-Jama, 304 mètres ; gouffre de Padrič, 273 mètres ; grotta dei Morti, 264 mètres (et non 255 mètres) ; Jama-Dol ou grotte Plutone, 230 mètres ; abîme de Kluc, 224 mètres ; Bassovizza, 205 mètres ; tous aux environs de Trieste ; Teufels-Loch ou Gradisniča, plus à l'est, près de Laibach, 225 mètres, exploré une seule fois en 1886.

Ensuite viennent ceux de la France, qui peut maintenant revendiquer le plus profond abîme naturel connu. A la fin de juillet 1899, j'ai été conduit par M. David Martin (conservateur du Musée de Gap) au bord d'un *chouran* du Dévoluy, près Saint-Disdier (Hautes-Alpes), situé à 1580 mètres environ d'altitude ; un difficile sondage nous a montré que le gouffre mesure au moins 310 mètres de profondeur : *la sonde n'a pas atteint le fond*, qui dépasse *peut-être* 4 ou 500 mètres de creux. Il y a au moins quatre puits successifs, dont le dernier atteint 140 mètres à pic ; nous n'avons pu descendre qu'au milieu du second, à 70 mètres, faute de matériel suffisant, et à cause du danger qu'y présentaient les chutes de pierres et de neige accrochées aux flancs du gouffre ; l'exploration complète en sera très coûteuse et très difficile. Quant à présent, le *chouran Martin* (ainsi que je l'ai baptisé) reste tout au moins le plus profond entièrement naturel ; notre territoire possède ensuite Rabanel (Hérault) 212 mètres ; Aven-Armand (Lozère) 207 mètres ; Grotte du Paradis (Doubs) 200 mètres ; Vigne-Close (Ardèche) 190 mètres ; Jean-Nouveau (Vaucluse) 178 mètres ; Viazac (Lot) 155 mètres, etc.

Orgues géologiques (corrosion). — Reproduisant pour les

puits naturels la controverse soulevée pour les cavernes, au sujet de la prépondérance de la corrosion sur l'érosion, beaucoup d'éminents géologues n'ont voulu voir dans ces tuyaux que des *orgues géologiques*, comme celles de la montagne crétacée de Saint-Pierre à Maëstricht (Hollande) : ils en ont fait avant tout des entonnoirs de *décalcification* (*Abîmes*, p. 518); cette exclusion de la force érosive peut être exacte, par exemple dans les falaises crétacées du pays de Caux (Étretat, Fécamp, etc.), des berges du Clain (près Poitiers ; v. DAUBRÉE, Eaux souterraines, I, p. 294), qui nous montrent des sections de poches, hautes de plusieurs mètres et même de plusieurs décamètres, remplies d'argile rouge; mais le phénomène est particulier, comme celui du creusement de cavernes par la dissolution du gypse ou du sel. Il convient de ne pas le généraliser et de le considérer plutôt comme une exception, due à la nature de la roche crayeuse; car ces poches justement n'aboutissent pas, comme les abîmes, à des cavernes, parce que les mouvements érosifs n'ont pas aidé à prolonger leur creusement.

Réfutation de la théorie geysérienne. — Le géologue belge d'Omalius d'Halloy, le premier, a voulu voir dans ces abîmes des *cheminées d'éruptions geysériennes*; il prenait pour résidus de la dernière éjaculation les argiles ferrugineuses (*sidérolithiques*) trouvées autour et au fond de ces gouffres. Scipion Gras, MM. Bouvier, Lenthéric, etc., l'ont suivi dans cette opinion. Les profondes descentes que les Autrichiens et moi-même avons opérées, jusqu'à 200 et même 300 mètres sous terre, dans ces étroites cassures à pic, ont démontré aussi la fausseté de cette hypothèse geysérienne (Abîmes, *passim*). Certes, les véritables *cheminées* des parties *à pic* de la Kačna Jama (Istrie: 213 mètres) (v. *Mém. spéléol.*, n° 3), Jean Nouveau (Vaucluse; 163 mètres), Rabanel (Hérault; 150 mètres), Trouchiols (Aveyron; 130 mètres), etc., etc., excusent, par leur seule coupe, l'idée qu'on a eue d'en faire des *évents* d'eaux profondes. N'a-t-on pas même été jusqu'à traduire ainsi le mot *aven* qui, d'après M. Daubrée, paraît venir bien plus naturellement du celtique *avain*, ruisseau, en bas-breton *awen* ? Mais elles ne suffisent pas pour la justifier, et leurs dispositions intérieures la condamnent complètement. Elles contiennent presque toutes des cloisons intermédiaires et des corniches (ou redans) que la force éruptive interne eût certainement emportées et nivelées; si la plupart de ces tuyaux sont bouchés au fond, c'est souvent par les matériaux qui y sont tombés depuis des centaines de siècles ; quelques-uns sont greffés sur de vastes cavernes en pente douce où circulent encore parfois les crues de rivières souterraines (Rabanel, Kačna Jama, etc.). Il en est de même de beaucoup d'autres puits naturels maintenant connus, Trebič, Padrič, Gradisnica, Bassovizza (Istrie ; 205 mètres), Viazac, la Bresse (Aveyron ; 133 mètres), Hures (Lozère ; 130 mètres), etc., qui, non seulement communiquent avec des grottes nullement verticales, mais encore sont formés d'une série de *bouteilles* superposées, indiquant nettement l'action des eaux superficielles engouffrées et tournoyantes. Il suffira de retenir que, si ceux qu'on n'a pas trouvés obstrués par des matériaux de transport, aboutissent tous à des galeries développées surtout dans le sens horizontal, c'est uniquement parce que l'eau perforante a dû changer son mode de descente en atteignant des couches de terrain imperméables : au contact des formations argileuses, elle a remplacé la chute verticale par un écoulement dans le sens du pendage, à la base des roches perméables fissurées. Si le puits supérieur était une cheminée geysérienne, pourquoi donc serait-il brusquement prolongé par une galerie en pente douce?

Enfin, de savants géologues, Fuchs, Neumayr, Lenhaardt, van den Broeck, Diener, Cvijic, Munier-Chalmas, ont contribué à faire abandonner l'hypothèse de d'Omalius d'Halloy, en démontrant que l'argile rouge (*terra rossa* du Karst), dite sidérolithique, n'est que la « cendre insoluble du calcaire » (Mojsisovics), le résidu de la « décalcification » (Munier-Chalmas) des roches calcaires, débarrassées de leur carbonate de chaux par la *corrosion* ou action chimique des eaux météoriques acidulées. Cette *cendre* n'a rien d'éruptif; son origine est purement hydrologique. L'accord est maintenant à peu près unanime sur ce point.

Effondrements. — Mais il n'en est pas de même de la théorie dite des effondrements, — d'où dérive celle des *jalonnements*, — sur laquelle la discussion est encore très vive.

Il se rencontre certaines formes d'abîmes, que l'on a souvent considérées comme la règle, et où je persiste à ne voir que des exceptions, c'est celle des *affaissements* au-dessus du cours de rivières souterraines : l'abbé Paramelle et Fournet, en France, Tietze, Schmidl, Lorenz, Urbas, Fruwirth et F. Kraus en Autriche, sont les principaux défenseurs de cette autre théorie, qui construit les abîmes de bas en haut, par effondrements de voûtes, dont les eaux intérieures ont ruiné les pieds droits.

L'ouverture subite, à diverses reprises constatée, de trous au fond desquels on voyait couler l'eau, la pollution inopinée de la fontaine de Vaucluse le 14 janvier 1895 (v. *Spelunca*, nᵒˢ 1 et 3) ; la production du Trou de la Clappe (Var) en 1878 (*Spelunca*, nᵒ 4), — les fameux cénotés du Yucatan, la source de Brissac (*Abîmes*, p. 147), et les light-holes de la Jamaïque, — les dépressions de la surface du sol dans des régions où l'existence des rivières souterraines est certaine, — les éboulements partiels de voûtes ou parois de cavernes, — la dégradation continue ou inachevée des parois stratifiées d'abîmes comme le Tindoul (*Abîmes*, p. 246) et la Magdalena-Schacht d'Adelsberg (id., p. 445) rendaient jusqu'à un certain point plausible une semblable hypothèse.

C'est par empirisme que les récentes descentes de gouffres en ont prouvé, sinon la fausseté, du moins la non-généralité : un dixième à peine des abîmes explorés s'est montré comme résultant indubitablement de la rupture d'une voûte de caverne. Tous les autres sont, comme les grandes cheminées citées p. 43, des fissures, dont le caractère dominant est l'étroitesse, et si resserrés par rapport à leur profondeur, ou tellement coudés et irréguliers, qu'il est matériellement impossible d'y voir des abîmes d'effondrements. Les nouvelles recherches que j'ai accomplies en 1899, pour le ministère de l'agriculture, dans quatorze avens de Vaucluse, où s'étaient manifestés les soi-disants effondrements de janvier 1895, ont établi qu'il ne s'est produit alors que des *départs* de bouchons d'argile et nullement des affaissements de voûtes de vastes cavernes.

Aussi, tout en tenant pour des gouffres d'effondrement au premier chef les beaux trous du Tindoul, de Padirac, de Marble-Arch (Irlande), de Saint-Canzian (Autriche), etc., m'abstiendrai-je de reproduire ici toutes les raisons qui me les font considérer comme de simples accidents. Ces accidents sont subordonnés au degré de puissance de la rivière souterraine et d'épaisseur du terrain qui la surmonte. Et je regrette que M. de Lapparent, après avoir reconnu, à la suite des dernières recherches, que les avens « sont des puits irréguliers que les eaux sauvages ont creusés en profitant des fissures naturelles du terrain... et qui ne jalonnent pas nécessairement le cours des rivières souterraines (*Géologie*, 3ᵉ édit. p. 204) », ait semblé revenir en arrière, en disant « que la plupart des dépressions de la surface résultent de l'*effondrement* de cavités sous-jacentes (*Géogr. phys.*, p. 230).

La généralisation de la théorie des effondrements a conduit à deux autres hypothèses que je vais exposer et contre lesquelles je maintiens de plus en plus toutes mes réserves.

Théorie du jalonnement. — La première est celle du *jalonnement*, d'après laquelle « sous chaque rangée de bétoires (ou gouffres) il existerait un cours d'eau permanent ou temporaire, qui les a nécessairement produites » (abbé PARAMELLE). Ceci a été absolument réfuté par les descentes contemporaines : non seulement la plupart des abîmes visités sont l'œuvre des eaux extérieures et non des intérieures, mais encore près des trois quarts n'ont conduit à aucune rivière. Et la majorité de ceux qui ont mené à des courants souterrains étaient creusés dans des diaclases greffées sur les galeries profondes, à angle plus ou moins aigu (Rabanel, Mas-Raynal, les Combettes, etc.). Peut-être le défaut de communication *actuelle* provient-il, comme en beaucoup d'endroits du Karst, de ce qu'il y a eu obstruction par les pierres et débris tombés de la surface ; peut-être que les déblaiements auxquels on se livrera un jour ou l'autre, espérons-le, révèleront quantité d'autres cours d'eau mystérieux. Il n'en est pas moins vrai que beaucoup d'abîmes se terminent par de vraies fissures capillaires, absorbant les eaux infiniment divisées et sans les transformer en réels ruisseaux ; — qu'ils peuvent être, à raison de leur origine extérieure, indépendants des rivières souterraines ; — et que le principe posé par l'abbé Paramelle exposerait, au point de vue de la recherche de ces rivières, à de singuliers mécomptes. D'ailleurs, il a été prouvé que le trajet des cours d'eau souterrains est complètement indépendant et différent en directions de celui des cours d'eau aériens qu'ils continuent ; à l'embut de Caussols, le ruisseau de la grotte recoupe, par en dessous, le cours du ruisseau de la surface (A. JANET, *Mém. soc. spéléol.*, n° 17) ; des recoupements analogues ont été observés à la goule de la Baume (Ardèche) et aux avens de Sauve (Gard).

Les dolines. — Une seconde hypothèse me semble non moins hasardée : c'est celle qui trouve des indications d'effondrements souterrains dans cette sorte d'excavations, qu'on nomme *dolines* dans le Karst, autre objet d'interminables controverses. Faute de définition précise, on n'a jamais pu s'entendre sur la valeur de ce terme, et on l'a appliqué même aux vrais abîmes. Pour moi, les

réelles *dolines* tle l'Istrie et de la Carniole sont les *Cloups* du Quercy;
les paysans du Lot ont su, mieux que personne, distinguer des
abîmes, qu'ils nomment *igues*, les dépressions rondes ou ovales,
dont le vrai caractère est d'être *plus larges que profondes*. C'est à
de telles concavités de la surface, larges souvent de plusieurs
centaines de mètres (Cloup de Bèdes dans le Lot, 850 mètres de
tour, 250 à 300 de diamètre, 75 de profondeur; Grande Fosse et
Fosse Limousine de la Braconne en Charente; avens de Castor
et du Colomb, Vaucluse; Risnik-Doline près Trieste, 260 et 205
mètres de diamètre, 95 de profondeur, etc.) (V. *Abîmes*, p. 306,
381, 471), que je voudrais voir limiter l'obscur terme de *dolines*.
Ceci posé, disons ce qu'on a voulu faire des *dolines*.

M. Kraus, avec plusieurs géologues autrichiens (Tietze, Schmidl,
Lorenz, Stache, Pilar, etc.), y voit des effondrements de voûtes
de cavernes, dont les débris ont obstrué l'intérieur et interdit
l'accès : — bien plus, il admet, avec M. Urbas, que les séries de
dolines ou de dépressions alignées à la surface du sol permettent
de tracer à la surface le cours des ruisseaux souterrains (1), et il
suppose qu'en en déblayant le fond on arriverait à ces courants.
C'est la théorie du jalonnement poussé à l'excès.

Car rien n'a établi que les *dolines*, telles du moins que les
restreint la définition ci-dessus, soient des effondrements : les raisons suivantes prouvent même le contraire. Les gouffres d'effondrement de Padirac, du Tindoul, de la grotte Peureuse (Lot),
de Marble-Arch, etc., loin d'être au fond de dépressions de terrains, s'ouvrent sur des saillies ou des pentes déclives; — plusieurs
cloups du Lot se terminent par des *igues* de *creusement superficiel*, qui ne présentent aucun caractère d'effondrement (Biàu
ou Baou, Planagrèze, les Brasconies, etc.), quoique profondes
de plus de cinquante mètres : il en est de même de la Kačna-
Jama et de plusieurs autres abîmes en Istrie. Aux environs
d'Adelsberg, il y a certainement plusieurs dolines (Stara Apnenca,
Koselivka, Cerna-Jama, etc.) qui correspondent à des effondrements de la grande caverne (2), mais celles-là ont un fond beau-

---

(1) V. pour la bibliographie et la discussion relative aux dolines, les
pages 433 et 516 des Abîmes. Conformément à mes idées, M. de Lapparent a récemment distingué les *larges* dolines ou cloups des *étroits* ou
profonds *gouffres ou abîmes*. Leçons de géographie physique, p. 230.
(2) Höhlenkunde, p. 62; — Abîmes, p. 442, 448, 449.

coup plus bouleversé que les autres ; la plupart, au contraire, possèdent un sol si uni, qu'on peut (comme dans les *Cloups*) y cultiver des champs nommés Ogradas. Il me paraîtrait difficile d'expliquer par une érosion ultérieure, comme a voulu le faire M. Kraus, leur nivellement sur une surface qui atteint parfois plusieurs hectares, si leur origine devait être recherchée dans le cataclysme d'un aussi vaste affaissement ; — les dolines du Karst sont tellement rapprochées les unes des autres, qu'entre Adelsberg et Planina, juste au-dessus du cours de la Piuka souterraine, on ne peut guère faire plus d'un kilomètre en n'importe quel sens sans en trouver une. Or, Schmidl et M. Putick ont remonté le bras de Zirknitz de la grotte de Planina pendant 5 kilomètres, sans rencontrer d'effondrements ; il faut donc supposer que la rivière souterraine circule dans l'intervalle des affaissements imaginés, en les évitant soigneusement. C'est juste le contraire de ce qu'on prétend : la désobstruction d'une doline (Zrawtek) de Moravie, effectuée par M. le Dr Trampler, l'a conduit, non pas à une galerie ni à une caverne éboulée, mais à une étroite fissure verticale sans trace d'effondrement, et aboutissant à un bassin d'eau de niveau variable (Eröffnung Zweier Dolinen, *Mittheil. Soc. géog.* de Vienne, n° 5 de 1893). Enfin, décisif argument : il résulte du plan de Padirac que le grand dôme de 90 mètres d'élévation est précisément sous un cloup, que la voûte n'a que quelques mètres d'épaisseur, et que le cloup *préexiste à un effondrement qui ne s'est pas encore produit.* S'il survient jamais, ce qui n'est pas probable, le cloup (la doline) disparaîtra, au contraire, pour faire place à un vrai gouffre d'effondrement, certainement plus profond (au moins cent mètres) que large, comme celui qui existe déjà plus au sud et qui sert d'entrée. Ajoutons enfin que certaines salles immenses de cavernes ont conservé, comme Padirac, leurs voûtes intégrales jusqu'à présent, bien qu'il y ait fort peu d'épaisseur entre leur plafond et la surface, telles le grand dôme de Han-sur-Lesse, le trou de Poudrey, près Besançon (Doubs), avec 45 mètres de hauteur et 122 sur 98 mètres de diamètre ; la grotte Gigante, près Trieste, qui serait (sauf vérification) la plus haute voûte connue, 138 mètres de hauteur, 240 mètres de longueur et 132 de largeur (Mém. Spéléol., n° 11) ; l'Auditorium de Marble-Cave (États-Unis), etc.

Donc, la vérité sur les *dolines* ou *cloups* doit être ceci :

1° La distinction n'est pas suffisamment faite, en Autriche,

entre les dépressions du sol qui dénoncent un véritable boule-
versement de la croûte terrestre et celles qui n'en présentent pas
de traces extérieures ;

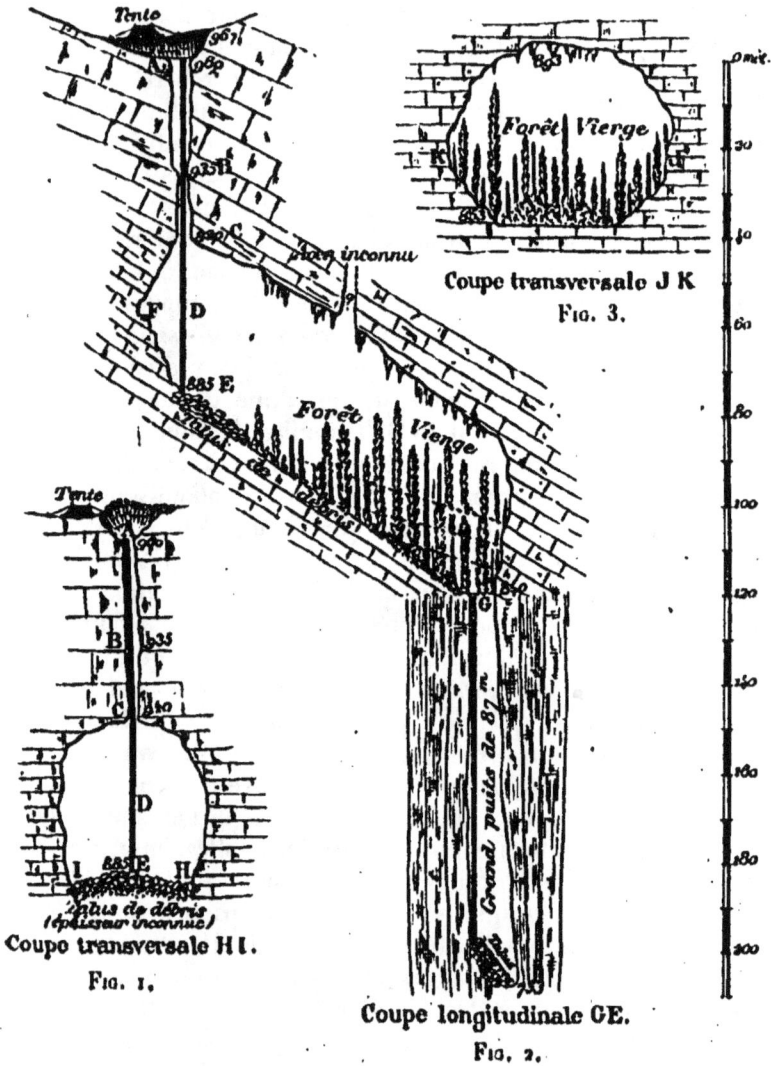

Coupe transversale J K
Fig. 3.

Coupe transversale H I.
Fig. 1.

Coupe longitudinale GE.
Fig. 2.

Fig. 1 à 3. — Coupes de l'aven Armand (Lozère) (V. p. 42, 55, etc.)

2° La classification basée sur le diamètre, telle que l'a tentée
M. Cvijic (*Schüssel* ou écuelles, dix fois plus larges que profondes ;
Trichter ou entonnoirs, deux ou trois fois plus larges que pro-

fonds; *Brännen* ou puits plus profonds que larges) est trop arbitraire quant aux noms et aux chiffres, mais le principe en est fort satisfaisant et rationnel :

3° Les *alignements* à la surface du sol correspondent, non pas à des courants souterrains, mais à des lignes de fractures, qui ont pu favoriser la multiplication des points d'absorption ;

4° Les dépressions de taille moyenne, à fond chaotique, doivent être, au moins dans la région d'Adelsberg, non pas des ruptures absolument verticales de plafonds, mais, à cause de l'inclinaison des strates (jusqu'à 45°), des phénomènes de *décollement* tant

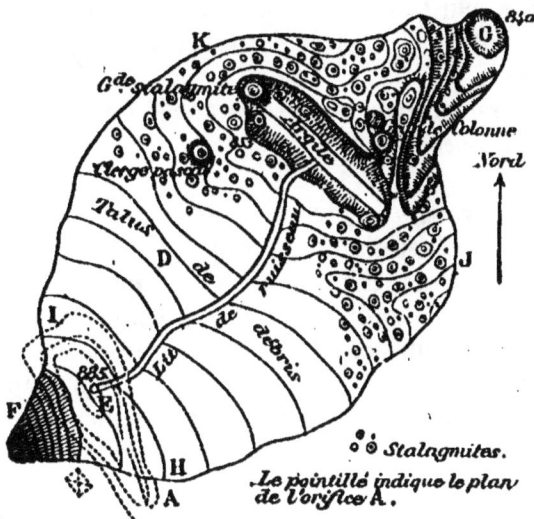

Fig. 4. — Plan de l'Aven Armand (Lozère) (V. p. 42, 55, etc.)

souterrains que d'infiltration : le drainage a dû souvent en faire des affluents de rivières souterraines voisines et provoquer leur communication avec elles. — Les autres, aux pentes et au sol moins bouleversés, ont pu être des lacs ou étangs, que des fissures aujourd'hui bouchées ont drainé aussi vers les courants souterrains avoisinants, mais *pas forcément sous-jacents*. Quant à l'origine première de telles dépressions, il faut la dire jusqu'à présent inexpliquée et la rechercher probablement tant dans des phénomènes de dénudation superficielle, que dans des faits d'ordre tectonique se rattachant aux plissements de l'écorce terrestre, à la genèse des lacs, des bassins fermés ou vallées-chaudrons

(*Kesser-Thäler*) (1) du Karst, d'Irlande, du Jura, de Causses, des fjords de Norvège, etc. C'est un difficile problème qui sort de notre cadre. M. Kurt-Hassert pense aussi (*Géologie du Montenegro*, Gotha, 1895) que « les dolines sont des manifestations superficielles ».

M. Kraus a proposé, d'ailleurs, un assez bon moyen de reconnaître les dépressions qui peuvent être formées par des affaissements de cavernes : c'est de rechercher si leurs parois présentent des traces de revêtements stalagmitiques, qui se dégradent moins vite à l'air que la roche calcaire ordinaire. Au pont d'Arc et le long du cañon de l'Ardèche, j'ai observé ainsi des restes de stalactites et j'en ai conclu (*les Abîmes*, p. 104) que certaines parties de cette vallée ont pu être jadis des cavernes ; le criterium me paraît assez positif.

Ceci nous amène à considérer en passant la question si controversée des *vallées inachevées*.

Vallées inachevées. — Quelque restriction, en effet, qu'il faille apporter à la généralisation à outrance de la théorie des effondrements intérieurs, il faut cependant encore reconnaître que diverses localités montrent l'énorme influence qu'ils ont exercée parfois sur la surface du sol. Il y a des cas où la propagation des effondrements successifs au-dessus du cours d'une rivière souterraine a pu arriver jusqu'au creusement d'une véritable vallée ; pour les étroits cañons sinueusement creusés dans la masse des régions calcaires, il est probable que la première phase de la formation n'a pas consisté dans le simple sciage vertical par des rivières creusant leur lit de plus en plus, mais bien dans le développement, puis l'écroulement, des cavernes..., écroulements qui ont tracé le sillon originaire, l'amorce des cañons actuels.

Il n'y a pas contradiction entre cette doctrine, qu'il ne faut pas d'ailleurs développer non plus avec exagération, et l'opposi-

(1) V. PARANDIER. *Bulletin de la Société de géologie*, 3e série, t. XI, p. 441, 7 mai 1883 ; les Abîmes, p. 541-42 ; bibliographie ; — DE LA NOË et DE MARGERIE, Les Formes du terrain, p. 157 ; — « Un synclinal n'est pas nécessairement continu dans son allure... Son axe peut offrir des bombements qui le diviseront en un chapelet de bassins indépendants. Alors il s'y établit des *lacs tectoniques*, déterminés par une dépression préexistante » (lacs du canal Calédonien, en Écosse). DE LAPPARENT. Géographie physique, p. 120.

tion que je viens de faire à la théorie de M. Kraus sur les dolines; j'ai admis en effet que beaucoup de ces dernières sont dues à
des affaissements de plafonds caverneux. Je demande seulement
que l'on ne regarde pas chaque cloup ou doline comme marquant
infailliblement la place d'un tel affaissement; je demande surtout que les *bassins fermés* (du Jura), le *Kessel-thäler* (d'Autriche), les *Polje* (de Dalmatie, Bosnie, etc.), ne soient pas considérés aussi comme de purs et simples effondrements (1); leur
largeur, atteignant souvent plusieurs kilomètres, rend une telle
origine invraisemblable (2). Les amples dépressions du lac de
Zirknitz, d'Adelsberg, de Planina, de la Foiba de Pisino, des
plateaux de Vaucluse, sont bien des vallées inachevées, et non
d'anciennes cavernes affaissées; le développement du *thalweg* s'y
est arrêté au point où la fissuration du sol assurait un écoulement
souterrain suffisant.

Bien plus étroits et plus allongés sont les vallons et ravines
réellement dus à des ruptures de voûtes : les suivants, dont la
transformation de rivières souterraines en thalwegs ouverts n'est
pas encore complète, ont indéniablement ce caractère.

Bramabiau, dans le Gard, avec son tunnel d'entrée, son aven
d'effondrement, ses éboulis intérieurs, ses 6 350 mètres de galeries et son alcôve de sortie, le tout sous une bande de terrain
large de 500 mètres et avec une dénivellation de 90 mètres; —
Saint-Canzian im Wald et *Saint-Canzian am Karst,* tous deux
près d'Adelsberg : le premier avec cinq ou six vraies dolines
d'effondrement, profondes de 60 mètres et larges seulement de
5 à 50 mètres; le second, avec deux des plus grandes dolines
connues, larges de 400 mètres, profondes de 110 à 160; les fra-
giles ponts naturels restés en place dans ces extraordinaires
localités sont les *témoins des anciennes* voûtes, en grande partie
écroulées; — le *Rummel,* à Constantine, avec ses quatre arcades
demeurées debout sur 300 mètres de parcours (Reclus, Géographie, t. XI, p. 417; Monde Moderne, mars 1898); — les *Sluggas
de Gort,* en Irlande (*Irlande et cavernes anglaises*) : — les cavités

_____

(1) « Les Kesselthäler peuvent être aussi comptés parmi les dolines. La
différence consiste simplement en ce que les dolines sont formées par
effondrement d'un seul coup, tandis que les Kesselthaler résultent d'effondrements successifs et d'agrandissements superficiels ultérieurs. » Kraus,
Höhlenkunde, p. 119. 140 et s.

(2) V. les Abîmes, p. 541.

de la montagne de Thaurac (Hérault) (Mém. soc. spéléol., n° 20) par *régression* ; le cañon du Gardon (Mém. soc. spéléol., n° 12).

Les *Tomeens*, sur la rivière Ardsollus, près Tulla, en Irlande, succession de petits tunnels séparés par des tranchées naturelles sur 5 ou 600 mètres de longueur, ne sont qu'une caverne en démolition ; les tunnels représentent les restes des voûtes du conduit souterrain primitif ; les strates, tombées au fond des tranchées dans le lit même de la rivière, laissent surprendre sur le fait le mode d'affouillement des calcaires par les eaux.

Enfin, à *Marble-Arch* (Irlande), quatre effondrements pratiqués à la sortie même de la source montrent que le vallon de la Cladagh s'agrandit ici d'aval en amont ; nulle part, l'œuvre de sape d'une rivière souterraine n'est plus certaine et plus parlante, et les partisans de la théorie qui attribue l'origine des puits naturels principalement à cette cause trouveront à Marble-Arch un des meilleurs arguments à l'appui de leur thèse. Ils devront remarquer toutefois que le peu d'épaisseur du terrain superposé à la caverne (15 à 40 mètres au plus) est une circonstance particulièrement favorable à la production des affaissements et que, conformément à la distinction que j'ai établie dès 1889 et qui se trouve ici confirmée, les conditions ne sont plus du tout les mêmes, quand cette épaisseur dépasse cent mètres. Dans ce cas, les abîmes étroits, verticaux et profonds de 100 à 300 mètres, dus surtout à l'action extérieure des ruisseaux qui s'y engouffraient (Karst, Causses, Vaucluse, etc.), se montrent bien plus fréquents que les vrais gouffres d'effondrements ; ceux-ci ne sont alors que des exceptions, dont les dolines de la Recca à Saint-Canzian, Padirac (Lot), et peut-être la Mazocha (Moravie) sont les types extrêmes (profonds de plus de cent mètres).

Ces exemples mettent hors de doute que la démolition des cavernes et l'effondrement de leurs voûtes ont pu efficacement concourir à la formation des vallées. — Il en est de même des *ponts naturels*, si pittoresques, laissés en travers du cours des rivières actuelles et qu'on rencontre dans tous les pays calcaires.

Tout ce qui concerne la manifestation des affaissements à la surface du sol doit, en définitive, se résumer ainsi : il y a des abîmes, des dolines et des vallées d'effondrement, mais ni les larges et peu profondes dolines ou vallées, ni les étroits et très profonds gouffres ne sont en général dus à des affaissements de voûtes de cavernes.

Et, par-dessus tout, aucune théorie n'est universelle en ce qui

touche l'origine des cavernes. Chacune de celles qu'on a proposées
a été trop exclusive, presque toutes sont partiellement justes ;
l'absolue vérité réside tantôt dans leur combinaison tantôt dans
l'application de l'une ou de l'autre, suivant les cas. D'ailleurs les
abîmes n'ont pas encore livré tous leurs secrets.

Actuellement, les eaux d'infiltration n'ont pu être atteintes et
étudiées matériellement que jusqu'à un peu plus de 300 mètres
au-dessous de la surface du sol (à la Kačna-Jama, 304 mètres et
à Trébič, 322 mètres ; voir ci-dessus). Et le principal résultat
des explorations faites en France et en Autriche depuis quinze ans
a été justement de faire mieux connaître « les dispositions indé-
« finiment variées par lesquelles les lithoclases déterminent et
« dirigent la circulation des eaux souterraines » ; elle a rendu praticable cette « classification rationnelle de ces mécanismes » que
M. Daubrée, en 1887, déclarait « très difficile, sinon impossible,
« si l'on tient compte de l'impuissance où se trouve l'observateur
« de suivre ces dispositions jusqu'à une grande profondeur »
(Eaux souterraines, I, 129).

Cette œuvre de pénétration profonde, si importante pour la
connaissance et la régularisation artificielle du régime des sources, en est à peine à ses débuts ; elle est restée jusqu'à présent
dévolue à l'initiative privée de trop petits groupes de spécialistes ;
il lui faudra l'appui des pouvoirs publics et le concours de nombreux adeptes, pour progresser comme elle doit le faire. La tra-
versée complète d'un des grands causses languedociens sur 400 à
500 mètres d'épaisseur, de la gueule d'un haut aven à l'issue
d'une source basse, n'a pas encore pu être effectuée, à cause des
difficultés qu'elle présente et des coûteux travaux qu'elle entraî-
nerait. Bien que l'eau la réalise certainement, il n'est même pas
encore prouvé qu'elle soit matériellement possible pour l'homme.

La désobstruction des abîmes. — Les gouffres jusqu'ici
trouvés praticables ont en effet conduit aux constatations et
réflexions suivantes.

Il en est deux qu'on a débouchés, l'un très facilement, le Tindoul de la Vayssière, l'autre à l'aide de travaux considérables, le
Trébič (v. p. 42), et qui ont mené à des rivières souterraines.

Il en est un qu'au contraire on a rebouché en y jetant des
pierres : c'est celui de Calmon (Lot) (Abîmes, p. 330), où
MM. Pons et l'abbé Albe, en 1895, n'ont pas pu refaire (Spelunca,
n° 4, p. 130) notre première exploration de 1892.

Il en est un autre où les travaux d'élargissement ont dû être arrêtés, devant la persistance du rétrécissement des parois : c'est la grotte des Morts, près de Trieste (*Abimes*, p. 475), qui a inutilement fait dépenser 20 000 francs et perdre quatre vies humaines.

Ceux où il faudrait essayer la désobstruction se présentent, au fond atteint actuellement, sous trois aspects différents :

1° Bouchés par des talus de pierres, des amas de sable, des concrétions stalagmitiques et des matériaux détritiques, à travers lesquels l'eau filtre, et dont l'accumulation n'est peut-être due qu'à un court rétrécissement des fissures naturelles ; ainsi Gaping-Ghyll (Yorkshire, Angleterre) (v. p. 40) ; — Trouchiols (Causse Noir ; 130 mètres) se termine de même, et ses eaux de suintement doivent reparaître par une source riveraine de la Dourbie ; mais ici la descente inconnue atteint l'épaisseur de 270 mètres. Qui sait s'il ne suffirait pas d'un léger déblai dans les éboulis des avens de Dargilan, de Fontlongue, de l'aven Armand, des gouffres de Vaucluse, des avens de Ganges, etc., pour conduire aux prolongements des grottes de Dargilan (Lozère), Saint-Marcel (Ardèche), Ganges (Hérault) et aux canaux mystérieux de Vaucluse? Les stalagmites ou les pierres une fois enlevées au Marzal et à Vigne-Close (Ardèche), à Planagrèze et aux Brantites (Lot), à Padric et à la Kosova-Jama (*Spelunca*, n° 1) (Istrie), etc., que ne trouverait-on pas en arrière ?

2° Arrêtés, en apparence, par une argile imperméable, plus ou moins imprégnée d'eau, à lou Cervi (Vaucluse), au Grand-Gérin (Vaucluse) (exploré en 1899, profond de 125 mètres), à Rabanel (Hérault), à Viazac (Lot) ; se trouve-t-on alors en présence d'une alluvion souterraine, d'un résidu de décalcification, ou bien au sommet d'une zone intercalaire de marne argileuse formant niveau d'eau? Dans le premier cas, la désobstruction du bouchon peut réussir. Pour le second cas, j'exprimais en 1889 (Bull. Soc. géolog., p. 619), à la suite de ma première campagne, la crainte « qu'à la base des « dolomies supérieures des Causses, le couronnement argileux des marnes constituât une couche imperméable » ; et je me demandais si les eaux retenues par ces marnes se déversent plus bas par de menues gerçures de suintement ou bien, comme l'a indiqué M. Fabre, par des failles (ou diaclases) coupant les plans d'eau superposés aux marnes. La question reste pendante : dans les zones marneuses, plus ou moins pâteuses et délayables, le hasard et le déblaiement peuvent seuls faire découvrir des fentes assez larges et assez libres pour livrer passage à l'homme et lui permettre de suivre l'eau (Mém. soc. spéléol., n° 21).

3° Terminés, après une plus ou moins longue descente de grand diamètre, par des fissures si étroites qu'on peut les dire capillaires : à Combelongue (Causse Noir), où la dernière cheminée accessible, de 30 à 50 centimètres de largeur, sur 25 mètres de hauteur, se prolonge d'au moins autant, mais avec 15 centimètres seulement de diamètre; à l'abîme de Hures (Causse Méjean), l'exploration de M. Arnal (1892) a été arrêtée par un gros tronc d'arbre fermant une crevasse (à 130 mètres sous terre) dans laquelle les pierres tombaient beaucoup plus bas. Se rétrécissant ainsi, le trou de Champniers (Charente) a empêché d'arriver aux réservoirs inconnus de la Touvre; de même au chourun du Camarguier (Dévoluy), à l'aven de la Sigoyère (Vaucluse), etc. Le Katavothre de *Gatzouna* (Péloponèse) se continue par une fissure impénétrable d'au moins 18 mètres de profondeur. Que donnerait l'élargissement de ces fentes : l'échec de la grotte des Morts ou l'étonnant résultat du Trebič?

Les sources basses du Causse Méjean, toutes siphonnantes à plus ou moins brève distance, sont, sans doute possible, la fin de courants souterrains comme ceux du Tindoul, de Padirac, du Mas-Raynal, des Combettes, de la Piuka, du Brudoux. Tenant compte de la distance et de la pente de ces rivières intérieures (qui arrive parfois à 15 pour 100), et se rappelant qu'elles ont pu être atteintes naturellement par les gouffres eux-mêmes, là où l'épaisseur du plateau ne dépassait pas 100 mètres, on ne saurait désespérer à Hures de trouver un nouveau Trébič, peut-être guère plus profond, et menant à l'aqueduc-réservoir d'une source. Tout est subordonné, comme dans le cas précédent, à la teneur en argile des zones intermédiaires entre les abîmes et les sources, et au degré de *colmatage* souterrain des fentes naturelles de ces zones.

Grottes inférieures au niveau des vallées. — Dans certaines cavités, l'échappement souterrain des eaux s'effectue encore par des fissures de plus en plus rétrécies, mais à un niveau inférieur à toutes les plaines et vallées environnantes, ou, du moins, si peu différent, qu'on ne connaît aucune fontaine pouvant servir d'issue à ces eaux : telles sont les grottes de Mitchelstown (Irlande), Cravanche (près Belfort), Miremont (Dordogne), etc., et les pertes de la mer à Argostoli (Céphalonie) (*Abîmes*, p. 522).

— Bien qu'on soit sûr par là de ne jamais déboucher au dehors, il n'en serait pas moins curieux de désobstruer aussi de telles extrémités : on y pourrait recueillir des données sur les conditions de descente de ces eaux, qui ne remontent au jour qu'après un assez long voyage, plus ou moins réchauffant, ou qui vont alimenter les nappes profondes et artésiennes.

Grottes de sommets. — Comme antithèse à ces grottes de bas niveaux, il est curieux de remarquer que des points d'absorption se rencontrent à de grandes hauteurs dans les montagnes, parfois même presque sous les sommets : par exemple le *gouffre des Verts*, profond de 47 mètres, avec ruisseau souterrain, ouvert à 2 132 mètres d'altitude dans le Désert de Platé (Haute-Savoie) (Mém. spéléol., n° 19) ; la *grotte de l'aiguille de Salenton* à 2 300 mètres au pied du Buet (Haute-Savoie) ; — *l'église des Fées aux Aravis* (Haute-Savoie), à 2 200 mètres ; — les grottes du sommet du Schafberg (Autriche), à 1 529 mètres, etc. — D'autre part, on trouve parfois des sources dans des situations non moins élevées : celle de Feyol, à 100 mètres seulement sous le sommet du mont Ventoux (Vaucluse), — celle du mont Stoge (Serbie), 1 336 mètres d'altitude, à 21 mètres seulement sous le sommet de la montagne.

Les positions anormales de telles sources et cavités sont souvent malaisées à expliquer.

L'exploration détaillée et scientifique des abîmes donnera une foule d'éclaircissements sur ce point et sur bien d'autres.

CHAPITRE VI

LES RIVIÈRES SOUTERRAINES. — LEUR PÉNÉTRATION. — ASPECTS DIVERS SELON LES FISSURES. — APPAUVRISSEMENT DES EAUX ACTUELLES. — DESSÈCHEMENT DE L'ÉCORCE TERRESTRE. — OBSTACLES DES RIVIÈRES SOUTERRAINES. — SIPHONS. — PRESSION HYDROSTATIQUE. — TUNNELS NATURELS.

Nous avons vu que la circulation souterraine, dans l'intérieur d'un plateau calcaire, est presque semblable à celle des rivières superficielles; des courants s'y réunissent et s'y grossissent de proche en proche, exactement comme la canalisation des gouttières et des égouts d'une ville. Ils sont bien, pour les terrains fissurés, les collecteurs généraux des crevasses de drainage, ramifiées à l'infini dans le sol sous forme de hautes cheminées d'adduction (gouttières) et de longues galeries d'écoulement (égouts).

C'est tantôt par les pertes largement béantes, tantôt par les abîmes, tantôt par les orifices des sources ou *résurgences* ouvertes, que l'on peut quelquefois suivre, en descendant ou en montant, les courants souterrains sur des distances plus ou moins longues.

Selon la disposition topographique et la structure géologique, ils s'écoulent soit dans des fissures horizontales ou obliques (joints de stratification) taillées en tunnels, soit dans de hautes fissures (diaclases) plus ou moins étroites; à ces deux sortes de fissures les caprices du pendage naturel des strates communiquent tous les degrés possibles d'inclinaison sur l'horizon.

Les croisements de fissures déterminent parfois, surtout en amont des obstacles dont il sera question plus loin, de grands évidements, où se forment des chambres souvent immenses, renfermant de vrais lacs souterrains.

Aussi les rivières souterraines ont-elles les aspects les plus divers, depuis le couloir large de quelques centimètres jusqu'aux

dômes de 150 mètres et plus de diamètre. Il s'y rencontre de
véritables confluents, comme à la surface du sol. Et surtout on y
peut faire partout cette double et grave constatation pratique :
1° que les eaux actuelles sont beaucoup moins abondantes que
les eaux anciennes; 2° que dans les cavernes elles n'ont jamais
cessé de chercher et de trouver des niveaux de plus en plus
profonds.

Voici les preuves de ces deux principes.

D'abord, dans les plus grandes cavernes connues, il y a généralement plusieurs étages superposés, sinon dans le même plan vertical, du moins à des niveaux qui peuvent atteindre jusqu'à
cinquante mètres et même plus de différence. Actuellement les
ruisseaux s'y rencontrent *toujours* réfugiés dans le plus bas de
ces véritables étages successifs, et les galeries supérieures, où l'on
promène les visiteurs, ne sont que leurs anciens lits abandonnés
l'un après l'autre. Or, en général, les couloirs sont d'autant moins
larges qu'ils sont plus profondément situés; cette règle est à peu
près universelle (grottes d'Adelsberg, Han-sur-Lesse, Agtelek,
Mammoth Cave, etc.).

Partout, la comparaison entre la faiblesse du ruisseau contem-
porain et l'immensité du vide produit par le travail des eaux
anciennes, est une formelle preuve de la diminution progressive
et inquiétante du volume des eaux, qui entretiennent la vie à la
surface du globe. Ce dessèchement lent, mais certain, de l'écorce
terrestre sera une grave préoccupation pour les générations futures,
qui verront peut-être les sources tarir avant les mines de houille.
Aussi ne rappellera-t-on jamais trop souvent que le plus efficace
remède, bien connu mais insuffisamment appliqué, contre ce fatal
assèchement, est le reboisement, reconstitutif des forêts impru-
demment détruites.

Voici, parmi les plus récentes explorations, quelques autres
exemples caractéristiques du déplacement progressif en profondeur des rivières souterraines.

Le curieux étagement des pertes successives de la Recca à Saint-
Canzian, si bien observé par M. Marinitsch (*Spelunca*, n° 9); —
la grotte obstruée du Nixloch près Fuschl (Salzbourg) (*Spelunca*,
n° 15); — les canaux souterrains de l'Iton (Eure) découverts
par M. Ferray; — la rivière souterraine du Brudoux dans la
forêt de Lente (Drôme); — la grotte de Mialet ou de Trabuc
(Gard), où le ruisseau est parvenu à sa troisième période d'abaissement (Mazauric) (Mém. soc. spéléologie n° 18); — la grotte des

Fées (Valais) (Mém. soc. spél., n° 19); — la formation, depuis 1770 seulement, des gouffres de la vallée du Lunain (Seine-et-Marne) et la disparition de certaines sources aux environs de Lorrez-le-Bocage (A. VIRÉ. Spelunca, n° 9-10); — l'absorption dans maintes fissures de leur lit des rivières du Gardon et du Trévezel (Gard), de celle du Chassezac (Ardèche, etc.), qui se trouvent ainsi mises à sec pendant une partie de l'année (MAZAURIC. Mém. soc. spéléol., n°s 11 et 18); — les galeries de l'Embut de Caussols (Alpes-Maritimes) (A. JANET. Mém. soc. spél., n° 17), etc. Bornons ici ces exemples qu'on pourrait multiplier et résumons-en seulement les deux principales conséquences.

D'abord l'influence et l'action des dérivations des rivières souterraines sur la modification et le régime des vallées extérieures, phénomène si bien mis en lumière par M. Mazauric.

Ensuite la confirmation de la loi de l'approfondissement continu des thalwegs souterrains. La pesanteur, l'érosion et la corrosion abaissent de plus en plus le niveau des rivières souterraines, de leurs réservoirs et de leurs issues : de telle sorte qu'il est grand temps pour l'homme d'entreprendre dès maintenant une vraie lutte contre la terre, de réagir contre sa tendance à absorber les eaux d'infiltration : c'est la *lutte pour la soif* qui s'impose dans tous les terrains fissurés, si abondants à la surface du globe.

Les obstacles semés sur le cours des rivières souterraines peuvent être ramenés à trois principaux, qui arrêtent l'homme dans ses explorations et qui retiennent l'eau dans les réservoirs d'amont, en assurant son lent écoulement vers les sources. Ce sont :

1° Les rétrécissements de galeries;

2° Les éboulis formés par les décollements de strates ou affaissements de voûtes : les rivières passent dessous ou en travers. Il n'est pas toujours possible, mais il est toujours difficile et dangereux de transporter les bateaux et autres appareils de recherches par delà ces barricades;

3° Les soi-disant siphons, sur lesquels il y a lieu de donner quelques explications détaillées.

Ces siphons sont, non pas ce que l'on appelle ainsi en termes de physique théorique, c'est-à-dire des tubes en U à convexité supérieure, comme ceux employés pour le transvasement des liquides, mais des siphons renversés ou *siphons d'aqueducs*, à convexité inférieure, agissant à la manière des *vases communicants*.

Ils sont simplement constitués par des tranches de roches, qui plongent dans l'eau plus bas que son *niveau hydrostatique*, et qui la forcent à descendre le long d'une fissure, en amont de l'obstacle, jusqu'à ce qu'elle rencontre en aval une autre fissure (diaclase ou joint), qui lui permette de remonter au delà. On devrait les nommer *hypochètes*, de ὑπό, sous, et ὀχετός, conduit d'eau.

Matériellement, on a souvent, dans les rivières souterraines, pu constater l'existence de cette disposition, en parcourant, en temps de sécheresse, de tels siphons *désamorcés*, c'est-à-dire où, par suite du bas niveau des eaux, la tranche de roche se trouvait émergée et la voûte n'était plus *mouillante*. Les plus curieux assurément sont ceux que j'ai franchis à Marble-Arch (Irlande) en 1895 et à Han-sur-Lesse en 1898, et où il suffit d'une hausse des eaux de quelques centimètres pour que l'obstacle s'amorce.

Citons encore la *Foiba de Pisino*, près de Trieste où s'étend, après les pluies, un lac temporaire qui se forme dans un précipice ouvert d'un seul côté, les trois autres étant fermés.

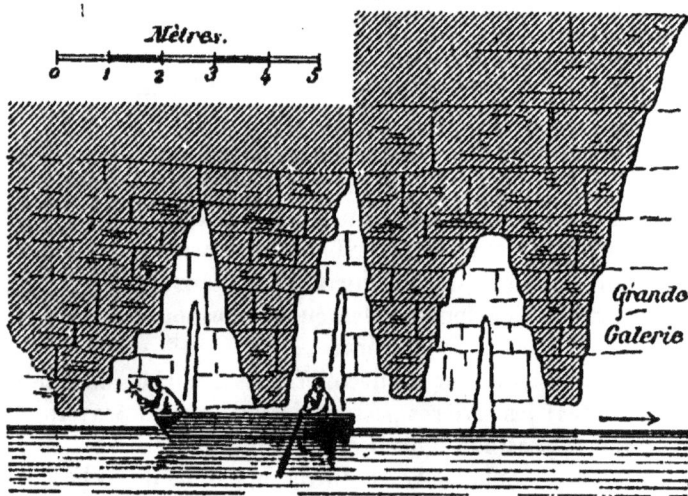

Fig. 5. — Siphonnements du fond de Marble-Arch (Irlande).

Au bout d'une galerie de 100 mètres de longueur, se trouve un lac souterrain de 80 mètres sur 30 avec une profondeur maxima de 13^m,50 : de ce lac lui-même l'eau ne s'échappe que par un orifice assurément très étroit. En temps de pluie, comme cet orifice ne débite qu'une quantité d'eau bien inférieure à celle que reçoit la Foiba, le niveau monte, d'abord dans la caverne et ensuite à l'extérieur, en sorte qu'elle reflue vers la partie supérieure de la vallée et y forme petit à petit un

lac qui inonde une surface de 4 kilomètres de longueur sur 500
et 600 mètres de largeur.

J'ai pu constater moi-même ces deux aspects de la Foiba :
d'abord en visitant la grotte et le lac souterrain en temps de
sécheresse le 25 septembre 1893 ; puis le 15 octobre 1896, à la
suite de mauvais temps, en revoyant la Foiba de Pisino pleine,
avec 50 mètres de profondeur d'eau au-dessus du seuil de la
grotte. Alors il y avait en réalité, à cause de l'inclinaison de la
galerie et de la profondeur du lac souterrain, une pression de
plus de 7 atmosphères, soit plus de 70 mètres d'eau au fond de
ce lac. Le poids considérable de telles colonnes d'eau est certainement de nature à influer sur l'écartement des strates des parois,
si bien que la *pression hydrostatique* de l'eau doit être réellement
considérée comme un des sérieux facteurs d'agrandissement
dans l'intérieur des cavernes.

Les eaux arrêtées ainsi par des hypochètes dans les cavernes
s'accumulent donc en amont de l'obstacle.

Et en réalité, ceux-ci ne sont que des vannes fixes, à section
restreinte, des étranglements retenant les eaux et transformant
les cavernes en véritables réservoirs de sources.

Ce sont les étranglements de cette nature qui, dans les vallées
fermées (*Kesselthäler*) du Karst, du Jura, — dans les lacs sans
émissaires (Zirknitz, Turloughs d'Irlande, lacs du Jura, lac Van en
Arménie, etc.) (V. DELEBECQUE. *Les lacs français*; MAGNIN. *Lacs
du Jura, Spelunca*, n° 4, etc.) provoquent des refluements
d'eau et des inondations parfois désastreuses.

En plusieurs endroits on a déjà réussi à contourner de tels
siphons, soit à l'aide de galeries latérales plus haut placées et
faisant fonctions de *trop-pleins* (v. p. 71) lors des crues, soit
même au moyen de travaux artificiels ; le premier cas s'est rencontré à la Karlovça (Carniole, lac de Zirknitz), à Adelsberg,
Salles-la-Source (Aveyron), la source du Guiers-Vif (Grande-
Chartreuse, Isère), la Baume (Jura), le Peak (Angleterre), Rjéka
(Monténégro), etc., dont les rivières souterraines possèdent des
hypochètes où les deux têtes (d'aval et d'amont) sont connues.

Le second cas a été réalisé à Couvin (Belgique) par M. Gérard,
à Vrsnica (Carniole) par M. Hrasky, etc.

Dans l'embut de Saint-Lambert, sur le plateau de Caussols
(Alpes-Maritimes), M. A. Janet en a trouvé un si court, qu'il a
pu plonger sous la roche et émerger de l'autre côté. Abattre ici
un pan de pierre aiderait à diminuer, après les pluies, l'accu-

mulation des eaux qui se produit parfois autour de l'orifice du gouffre.

La connaissance de tels états de choses permettrait souvent de bien utiles travaux pratiques ; notamment le rôle de régulateur des hypochètes serait rendu plus efficace si, sachant leurs dimensions et dispositions exactes, l'on pouvait les transformer en vannes mobiles et les asservir ainsi complètement aux besoins industriels.

A Vrsnica, M. Hrasky, en 1887, a pu ainsi débarrasser la vallée fermée de la Racna de ses inondations périodiques.

Beaucoup de sources du calcaire émergent directement d'hypochètes à l'air libre. Le meilleur exemple est la fontaine de Vaucluse, et le terme de *sources siphonnantes* doit être substitué à celui de sources Vauclusiennes ; c'est ce que Fournet nommait des *abîmes verticaux émissifs* : Touvre en Charente ; puits de la Brême, Doubs, Loiret ; source du Shannon (Irlande) ; Ombla (Dalmatie) ; le Groin (Ain) (*Spelunca*, n° 4) : l'Ain, etc.

La portion siphonnante, c'est-à-dire avec écoulement à conduite forcée, d'une rivière souterraine peut être fort longue et ne pas se borner à quelques décamètres. Cela s'explique aisément à la seule inspection de la coupe naturelle de la Chapelle (près Chambéry), par exemple, qui montre comment l'eau infiltrée dans des joints *en fond de bateau* peut être contrainte de remonter en siphonnant, si la strate inférieure ne lui offre aucune fissure d'échappement vers le bas, et cela après un parcours étendu.

Cette hypothèse est d'ailleurs confirmée par la grande profondeur reconnue à certains hypochètes : 15 mètres dans plusieurs grottes de la Carniole, 20 mètres aux sources du Limon (Lot) (*Spelunca*, n° 5), 21 mètres au gouffre de Trebič (qui descend à 2 mètres *au-dessous* du niveau de la mer) (*Spelunca*, n° 4), 21 mètres au Creux-Billard (Jura), 29 mètres à l'aven de Sauve (Gard), 30 mètres au moins à la source de Vaucluse, 35 mètres au moins à celle de Descro-Jezero (Carniole) (*Spelunca*, n° 12).

Donc les hypochètes ramènent parfois les eaux de points bien plus bas placés que les *résurgences*, c'est-à-dire que le niveau hydrostatique et même que les fonds des vallées avoisinantes.

D'où l'on doit déduire les deux conséquences intéressantes suivantes :

1° Que ces alternatives de descente et d'ascension aussi prononcées sont absolument exclusives de l'existence de vraies nappes d'eau homogènes (en terrains fissurés du moins) ;

2° Qu'il existe des cavités (le fait est matériellement démontré par des expériences à la fluorescéine) remplies d'eau, à *conduite forcée*, mais dès maintenant creusées *plus bas que le niveau des vallées* conjuguées, et qui n'attendent que l'approfondissement de celles-ci pour se vider elles-mêmes (par exemple aux avens de Sauve). Ceci réfute la théorie d'après laquelle on prétendait le creusement et le remplissage des grottes contemporains du creusement des vallées, puisque la profondeur des hypochètes, et par conséquent des cavités qu'ils drainent, établit si formellement l'existence de ces cavités à un niveau déjà inférieur à celui des vallées voisines. L'application de ce fait réel est capitale, quant à la formation des vallées inachevées ou fermées du Karst, de l'Irlande, du Jura, etc. (v. p. 51);

3° Que les longs siphonnements à travers des couches en fond de bateau profondes expliquent les sources *sous-fluviales*, *sous-lacustres* (le Boubioz, d'Annecy, étudié par Delebecque) et *sous-marines* (de la Méditerranée, etc.).

Dans les sources intermittentes, ou du moins temporaires, on a pu descendre, en temps de sécheresse, dans des hypochètes où le bassin d'eau, attendant l'amorçage, était également à un niveau bien inférieur à celui de la vallée: par exemple à l'Oule (Lot, près Limogne, profondeur 50 mètres), à Bournillonne ou siphon d'Arbois près Pont-en-Royans (Isère, profondeur 60 mètres) (DECOMBAZ. *Mém. soc. spéléol.*, n° 23), à la Luire (Vercors) (v. *Spelunca*, n° 12), etc.

Nous verrons plus loin quel jour tout spécial le jeu des hypochètes jette sur l'explication du mécanisme des sources intermittentes, temporaires, jaillissantes, à trop-pleins, etc.

Notons enfin qu'on a trouvé aussi sous terre, dans des sources à sec, des dispositions en vrais siphons normaux ou de laboratoire, avec convexité tournée vers le haut, par exemple aux sources temporaires de l'Ecluse (Ardèche), de l'Aluech (Aveyron), etc. (v. les *Abîmes*, 96, 212), etc.

On connaît quelques exemples de rivières souterraines où l'eau absorbée peut être suivie, d'un bout à l'autre, sans aucune solution de continuité: le *Maz d'Azil*, dans l'Ariège; le tunnel d'Along (Tonkin, long de 2 kilomètres) (*Spelunca*, n° 15); la grotte de Douboca (Serbie); les grottes des Echelles (Savoie) (*Spelunca*, n° 15); la grotte de Poung, au Tonkin; celle d'Estate Boli en Transylvanie (KRAUS. Höhlenkunde, p. 59) et la rivière du *Nam-Hin-Boune*, au Laos, découverte il y a quelques années par l'expédition Pavie, tunnel de 4 kilomètres de développement, qui sert de route, en ce sens que les transports s'y effectuent en barque. Dans ces cavernes, la différence de niveau est à peu près nulle, la rivière étant presque horizontale.

Il n'en est pas de même du curieux *Bramabiau*, dans le Gard, où le ruisseau appelé le Bonheur reparaît après un parcours souterrain de 700 mètres, cours excessivement accidenté et coupé de sept cascades, dont quelques-unes ont jusqu'à 6 mètres de hauteur.

La différence de niveau entre les pertes du Bonheur et la réapparition de la rivière de Bramabiau n'est pas moindre que 90 mètres, ce qui explique l'existence des sept cascades souterraines.

On connaît actuellement 6 350 mètres de galeries (grâce aux explorations de M. Mazauric) dans cette caverne, qui est la plus longue de France, mais qui est totalement dépourvue de stalactites.

CHAPITRE VII

L'ISSUE DES RIVIÈRES SOUTERRAINES. — LES SOURCES. — LES RÉSURGENCES. — LES SOURCES SIPHONNANTES. — SOURCES PÉRENNES, INTERMITTENTES, TEMPORAIRES. — LES TROPPLEINS. — VARIATIONS ET CRUES DES RIVIÈRES SOUTERRAINES. — L'ÉVAPORATION SOUTERRAINE. — EXPLOSIONS DE SOURCES. — AGE DU CREUSEMENT DES CAVERNES. — SABLE CROULANT. — ÉRUPTIONS DE TOURBIÈRES.

Les eaux, arrêtées par des hypochètes dans les cavernes, finissent cependant par en sortir, parce que, petit à petit, elles arrivent à franchir l'obstacle. Aux points où les terrains imperméables reparaissent, à un niveau inférieur à celui des absorptions, les rivières souterraines émergent des terrains perméables fissurés sous la forme de *fontaines*, généralement puissantes, mais qui en réalité ne sont pas des *sources*, à la différence des *vraies sources*, formées directement par les pluies dans les pores des terrains *perméables par imbibition*, sables, graviers, moraines, éboulis, etc.

On a souvent appelé *fausses sources* les réapparitions de ce genre pour lesquelles je proposerais le nom de *résurgences*.

D'ailleurs ces résurgences ont les allures les plus diverses : certaines, comme la Lesse au sortir de la grotte de Han, le Bramabiau, le ruisseau de la grotte de Bétharram (Basses-Pyrénées), ne sont vraiment que la réapparition d'un cours d'eau unique, enfoui sous terre pendant quelques hectomètres ; d'autres, comme l'Unz-Piuka, à Planina (Adelsberg), la Cladagh à Marble-Arch, la rivière de Rémouchamps (Belgique), le Tindoul de la Vayssière (Aveyron), font renaître en un seul gros torrent plusieurs petits ruisseaux, absorbés à d'assez grandes distances et concentrés par des confluents souterrains ; d'autres enfin, comme Vaucluse, la Touvre, l'Ombla, Padirac, les sources du Peak (Angleterre), ont des bassins de réception et d'absorption si étendus, sont alimentés par des points d'infiltration si multipliés, si dispersés et généralement si petits, qu'on n'a pas pu jusqu'à présent identifier avec quelque précision les limites de ces bassins.

Dans un récent ouvrage de M. Hippolyte J. Haas « *Quellenkunde* », avec 45 gravures (Leipzig, J. J. Weber, 1895, in-8°), la *science des sources* a été bien résumée.

Il convient d'y ajouter quelques-unes des idées nouvelles qu'il serait bon de répandre sur les sources.

J'ai dit p. 63 comment il faudrait supprimer le terme de sources Vauclusiennes pour le remplacer par celui de sources siphonnantes ou ascendantes. Et j'ai donné au chapitre xxxii de mes Abîmes toute une classification des sources.

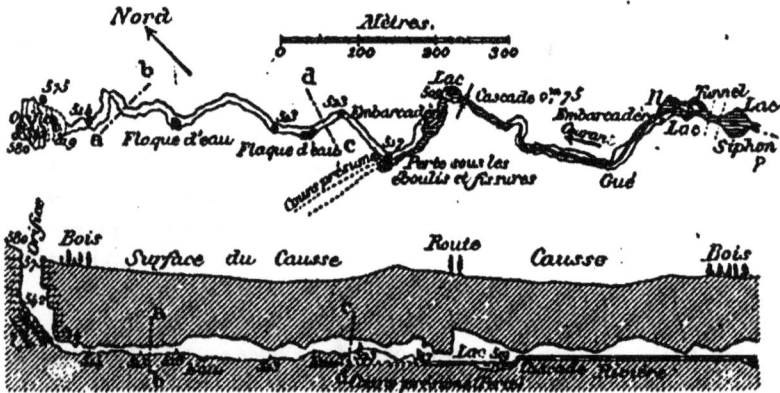

Fig. 6. — Rivière souterraine du Tindoul de la Vayssière (Aveyron). (V. p. 66).

On est resté jusqu'en ces derniers temps absolument intrigué par les variations de débit de ces fontaines qui, comme Vaucluse, ont oscillé entre des extrêmes, de 4^m,50 à 150 mètres cubes par seconde. Or la variabilité est la caractéristique des sources du calcaire. Il est maintenant permis de l'expliquer, grâce aux dernières explorations souterraines.

Parmi les sources pérennes les mêmes variations affectent les fontaines *aveuglées*, c'est-à-dire qui sourdent, non pas d'un siphon, mais plus ou moins haut selon l'état des eaux, à travers les interstices d'éboulis chaotiques qui ont bouché les issues de leurs aqueducs souterrains, par exemple les Gillardes (Dévoluy, Isère), la Sorgues d'Aveyron, le Pêcher de Florac (Lozère), la Foux de la Vis (Hérault), la Bosna (Bosnie), etc., etc.

Quant aux sources intermittentes dites *régulières* ou *périodiques*, à jaillissements également espacés, elles demeurent assez énigmatiques ; toutes sont trop étroites, ou au moins trop dangereuses

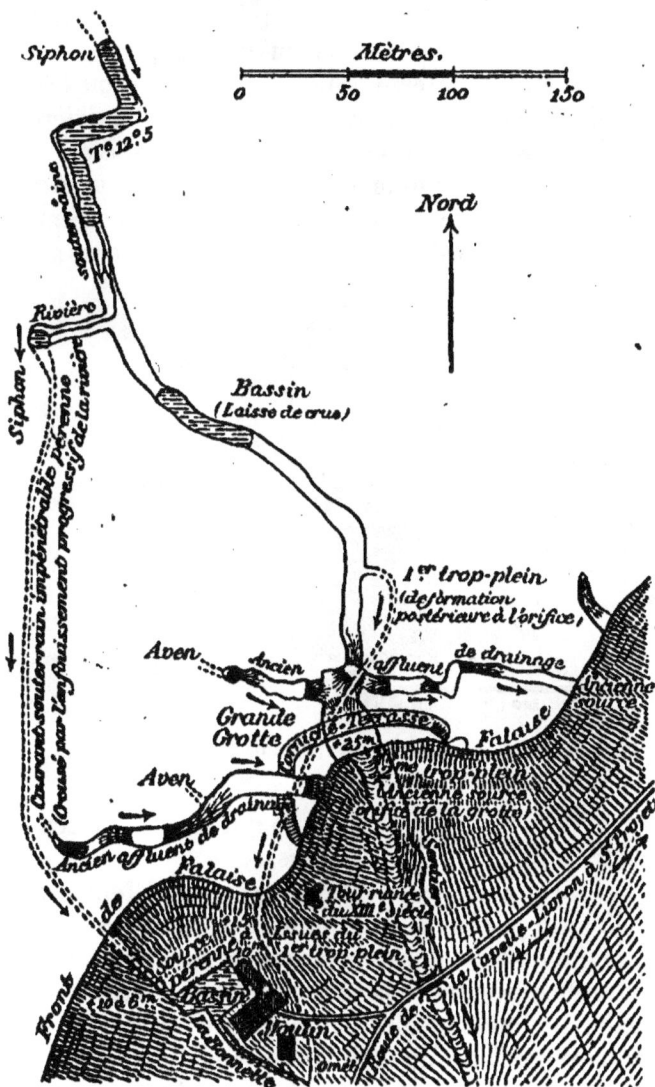

Fig. 7. — Plan de la source à trop-pleins et siphonnements de la Bonnette (Tarn-et-Garonne).

pour être explorées à l'intérieur ; on reste réduit sur leur mécanisme à l'hypothèse du jeu de siphons d'inégal diamètre, séparés par des réservoirs se vidant plus vite qu'ils ne se remplissent. Récemment M. Mazauric a étudié et décrit celle du Pont-Saint-Nicolas (Gard) (*Spelunca*, n° 4, et *Mém. Soc. Spéléol.*, n° 12) et M. Scorpil celle de Ziva-Dova en Bulgarie (*Mém. Soc. Spéléol.*, n° 15), qui est particulièrement curieuse.

Les autres sources intermittentes, *irrégulières* ou *temporaires*, ou *rémittentes*, sont généralement les *trop-pleins* de rivières souterraines et de sources voisines plus ou moins éloignées.

Elles fonctionnent comme de vraies soupapes de sûreté, donnant issue aux surcroîts d'eau que les infiltrations exceptionnelles amènent dans les aqueducs naturels, et contrebalançant les effets

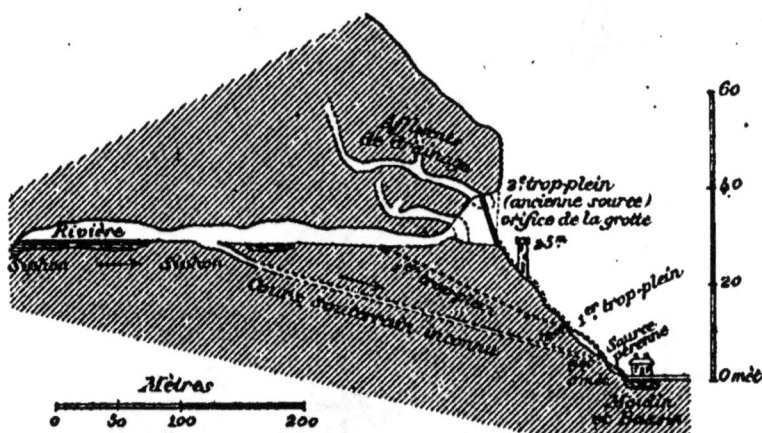

Fig. 8. — Coupe verticale de la Bonnette.

internes de la pression hydrostatique qui arrive, en certains cas, à les rendre absolument jaillissantes.

On peut distinguer trois sortes de ces sources temporaires :

1° Celles qui jaillissent d'entonnoirs ou de trous de quelques mètres de profondeur, dans l'intérieur desquels un bassin d'eau à *l'air libre* empêche toute pénétration humaine ;

2° Celles qui, au contraire, laissant l'eau se retirer, pendant les périodes de repos, plus ou moins loin dans l'intérieur du sol, ont pu être parcourues jusqu'à une certaine distance avant d'arriver à l'eau dormante à l'étiage ;

3° Celles qui, pénétrables plus ou moins loin, et menant parfois jusqu'au cours actuel de ruisseaux souterrains ou au siphon qui les entrave, sont, plus directement que les précédentes, subordonnées à des sources pérennes immédiatement voisines, dont elles sont les vrais *trop-pleins* matériellement constatés et parfois distribués en plusieurs étages d'orifices superposés.

Dans la première catégorie rentrent les *entonnoirs* qui, dans le Jura, etc., peuvent quelquefois, à la suite de pluies abondantes, vomir de véritables torrents ; Frais-Puits, près Vesoul (Haute-Saône) ; entonnoirs du lac de Narlay, du lac de Joux, du Rocheray ; le Creux-Génat, en Suisse, à quelques kilomètres de Porrentruy, trou de 8 mètres de profondeur sur 14 de diamètre, dans lequel on peut voir constamment un peu d'eau qui, par les pluies continues, s'y élève tout à coup et inonde la contrée jusqu'à Porrentruy (*Spelunca*, n° 2 ; Hurtle-Pot et Gingle-Pot (v. *Irlande et cavernes anglaises*, p. 377).

A ce type doivent être rattachés les entonnoirs qui forment souvent de vrais lacs temporaires, à niveaux variables, dont les

Fig. 9. — Gaping-Ghyll et Angleborough cave (Angleterre). (V. p. 40 et 71).

extrêmes sont plusieurs mètres de profondeur d'eau ou au contraire des surfaces sèches servant à la culture dans l'intervalle de deux irruptions d'eau. Les plus célèbres de ces phénomènes sont le lac de Zirknitz en Carniole, si longtemps inexpliqué, et les *turloughs* de l'Irlande (ADAMS, p. 455 ; *Irlande et cavernes anglaises*, p. 113).

La seconde catégorie comprend la grotte de la Luire (Vercors) (*Spelunca*, n° 12 et *Mém. soc. Spéléol.*, n° 22) qui *crève* aux intervalles les plus irréguliers et où on trouve l'eau à l'étiage, à cent mètres de profondeur : le Sergent (Hérault) ; l'Aluech (Aveyron) ; l'Oule (Lot) ; Bournillonne (Isère).

Comme exemples de la troisième catégorie citons : le Boundoulaou (Aveyron) ; la Dragonnière (Ardèche) ; Peak-Cavern (Angleterre) ; le Guiers-Vif (Isère) ; Osselle (Doubs) ; Salles-la-

Source (Aveyron) ; Rocaysou (Lozère) ; voire même Vaucluse
avec son entonnoir souvent vide; l'Écluse (Ardèche), suivie pendant 600 mètres jusqu'à un puits d'eau qui n'attendait qu'un
fort orage pour se gonfler et mettre ce trop-plein en action ; le
Sergent (Hérault), plus long encore et profond de 60 mètres;
la Bonnette (Tarn-et-Garonne); le Liron (Hérault) ; les Douix,
de la Côte-dOr ; le Cholet (Drôme) ; Baume-les-Messieurs (Jura);
l'Angle (Lozère); Bournillon (Isère) ; la grotte Sarrasine, près du
Lison (Jura); la grotte de la Baume (Ardèche), réseau de ruisseaux souterrains intermittents aussi, que M. Gaupillat a parcou-
rus sur 2 700 mètres sans en voir la fin, ayant été chassé par
une crue (1892); Ingleborough cave (Angleterre), etc.

Dans toutes ces localités on trouve une source pérenne sortant,
sans jamais tarir, soit d'un éboulis de cailloux, soit d'une fissure
fermée ou ouverte à l'homme, et au-dessus un ou plusieurs orifices superposés qui n'entrent en fonctions que l'un après l'autre,
selon l'abondance des crues souterraines.

Depuis quelques années seulement on s'est risqué à pénétrer
(entre deux jaillissements) dans un grand nombre de ces trop-
pleins, presque tous anciens déversoirs de courants jadis beaucoup
plus importants, aujourd'hui déchus et plus bas enfouis dans le
sol. Tous se ressemblent, depuis la caverne d'Ingleborough en
Angleterre jusqu'à celle de la Rjéka au Monténégro ; depuis la
Foux de Bort (Catalogne) jusqu'au *Kephalovrysi* (source) de
Benicovi (Grèce), issue des Katavothres de Tripoli.

Au gouffre des Gangônes (Jura) (*Spelunca*, n° 11) une dangereuse exploration (en 1897, par MM. Chevrot, Bidot, Küss,
Guérillot) a révélé le complet et secret mécanisme des sources
temporaires, mieux peut-être qu'aucune fontaine du même genre.
Sa coupe verticale fait voir comment le siphonnement se produit
dans la galerie ascendante après les grandes pluies ; c'est un
exemple capital des pressions énormes qui se produisent dans les
canaux naturels du terrain calcaire.

L'Oule (Lot) ne coule que lorsque la source du Lantouy
(source de fond comme le Loiret), à 3 kilomètres au nord et
50 mètres plus bas, jaillit à gros bouillons. En 1894 et 1895,
l'Oule a été explorée à diverses reprises par MM. G. Pradines et
Aymard (de Limogne) : à chaque visite, le niveau du bassin
final a été trouvé différent. En octobre 1895, il était complètement obstrué par du sable. Des modifications, dues à des déplacements ou éboulements d'argile, y ont été aussi constatées. Les

plus complexes dispositions siphonnantes s'y remarquent : elles
expliquent comment des amorçages subits donnent lieu aux
brusques jaillllissements, parfois élevés de plusieurs mètres, qui
ont rendu cette source très célèbre dans la région de Cahors.

Les sources temporaires et trop-pleins sont maintenant parfaitement expliqués par les *crues* des rivières souterraines, phénomène exactement pareil à celui des gonflements des cours d'eau
extérieurs, et sur lequel on a des données toutes nouvelles.

On a vu p. 3o que les eaux pénètrent dans les fissures du
sol, goutte à goutte, par le suintement des voûtes, ou à flots plus
ou moins abondants, par les absorptions de ruisseaux.

Le suintement remplit des bassins isolés ou réunis entre eux ;
les pertes sont continuées par les rivières souterraines. Les uns et
les autres sont sujets à des variations de niveau qui dépendent
exclusivement des précipitations atmosphériques extérieures.
D'après des observations précises, elles sont beaucoup plus
brusques qu'on ne semblait l'admettre jusqu'à présent.

Ruisseaux absorbés. — Dans les diverses grottes du cours
souterrain de la Piuka (Adelsberg, Piuka-Jama, Planina, etc.),
MM. Kraus, Putick et moi-même nous avons observé à diverses
reprises que les crues intérieures suivaient à quelques heures près
celles de l'extérieur, retardées seulement de plus en plus vers
l'aval par les différents obstacles interposés.

La Lesse à Han subit également des crues et des baisses très
rapides ; à Padirac (Lot), au Tindoul de la Vayssière et à Salles-
la-Source (Aveyron), la rivière souterraine coule à gros bouillons
moins de 24 heures après les fortes pluies dans la région d'amont.

On a tout dernièrement surpris, sur place et sous terre, le fait
matériel de l'élévation *verticale* de l'eau des rivières souterraines
grossies dans les cavernes et les abîmes. Les plus curieuses observations en ce genre sont celles de M. Marinitsch à la grotte de la
Recca (Istrie) et au gouffre, qui lui est subordonné, de la Kačna-
Jama (profond de 3oo mètres).

Dans ce gouffre, l'ouvrier Siberna a constaté, le 15 octobre 1896,
que la Recca avait pénétré la veille jusqu'à 3o mètres de hauteur et que l'eau était encore visible dans le trou du fond de la
caverne. Le 14 octobre la Recca avait atteint à Saint-Canzian
une hauteur de 9 mètres, et le 20 octobre celle de 10 mètres. Ce
même jour elle s'était élevée dans la Kačna-Jama à 5o mètres,
comme on l'a pu constater le 21 par les traces de l'eau.

Le 15 octobre 1898, après de fortes pluies, la Recca à Saint-Canzian monta au Müller-dom de 20 mètres au lieu de 26 en 1896, tandis que, en aval de la 14e cascade, la submersion atteignit comme en 1896, plus de 40 mètres, etc. (*Spelunca*, n° 16).

Au commencement de l'été 1897, un fait plus probant encore a été constaté : c'est celui de la présence de l'eau dans le gouffre Martel à Prosecco (Istrie). Elle s'y est élevée de 115 mètres, remplissant donc presque toute la caverne ; on a même cru y reconnaître une pièce de bois provenant de la Lindner Höhle (gouffre de Trebič), au fond de laquelle, comme on le sait, coule un fleuve qui est bien probablement la Recca, et où on avait déjà vu des ascensions d'eau de 62 mètres en 1868 et même de 119 mètres en octobre 1870; cela dénonce que l'écoulement d'aval s'opère par de bien petites fissures et que la *mise en charge* de l'eau devient considérable en amont (v. p. 62).

Mêmes oscillations ont été reconnues, mais sur de moins amples proportions, aux bassins de la grotte Monnard près Marseille (à 47 mètres sous terre seulement), dont l'origine reste inexpliquée (v. *Spelunca*, n° 3).

Au contraire la sécheresse prolongée peut amener l'arrêt complet des ruisseaux souterrains, ainsi que je l'ai constaté à Padirac le 28 septembre 1895 et du 12 au 14 décembre 1899 (*Mém. soc. Spél.*, n° 1 et C. R. Ac. Sciences, 20 avril 1896) et aussi celui de certaines sources du calcaire qui se trouve ainsi expliqué.

Ces variations de niveau des rivières souterraines, subordonnées à l'abondance des pluies et des infiltrations, et amplifiées dans l'intérieur des terrains fissurés par les obstacles des éboulis, des rétrécissements et des hypochètes, se manifestent aussi dans les bassins stalagmitiques stagnants qu'alimentent les seuls suintements de voûtes, indépendamment de tout courant actif.

A Padirac, au lac supérieur du grand dôme, le niveau de l'eau, en dessous de la margelle stalagmitique, était d'environ 50 centimètres le 9 septembre 1890, 25 centimètres le 23 septembre 1890, 1 mètre le 29 septembre 1895 et en septembre 1899 ; l'eau s'écoulait en cascatelle par dessus en mars 1896, avril 1899, etc.

A Dargilan (Lozère), au contraire, le 4 avril 1896, tous les bassins étaient à peu près vides, ou du moins plus bas de 0m,75 à 1m,50 qu'en 1888, 1889, 1890 et 1892. Jamais on ne les avait vus aussi réduits. Cela tient à ce que l'année 1895 avait été très sèche et qu'aucune neige n'était tombée pendant l'hiver 1895-

1896 sur le Causse Noir. Le suintement des voûtes était presque complètement arrêté le 4 avril 1896.

L'infiltration des eaux superficielles est, en général, assez rapide à travers les fissures du calcaire, et les cavernes s'emplissent et se vident plus vite qu'on ne pourrait le croire : pour accroître leur efficacité comme réservoirs et régulateurs des eaux souterraines, il faudrait donc ralentir l'infiltration.

Cinq faits probants démontreront que les crues souterraines peuvent se produire tout aussi brutalement que celles des rivières superficielles. En Styrie, la grotte de Lueg, près Semriach, absorbe un ruisseau dont on ignorait l'allure souterraine, supposant seulement qu'il devait revoir le jour à 3 kilomètres de distance au sud-ouest, par les grottes de Peggau. Au printemps de 1894, M. Fasching et six personnes résolurent d'explorer la caverne de Lueg. Les journaux ont alors raconté (mai 1894) la tragique équipée des sept explorateurs sauvés par miracle, après avoir été enfermés pendant 207 heures dans la caverne, en aval d'un étroit siphon subitement amorcé à leur insu par une crue extérieure du ruisseau (v. *la Nature* du 19 mai 1894, n° 1094).

Le 4 octobre 1892, M. Gaupillat trouve entièrement occupées par un furieux torrent toutes les galeries de la Baume de Sauvas, qu'il avait parcourues à pied sec sur 2 700 mètres d'étendue trois semaines plus tôt.

Au milieu d'avril 1899, MM. Viré, Giraud, l'abbé Albe, Pons, etc., etc., ont été arrêtés, dans la continuation de l'exploration de Padirac, par une subite et dangereuse crue d'eau de 4 mètres, qui noyait entièrement une partie de la galerie souterraine.

M. le Dr Chevrot rapporte (*Spelunca*, n° 1) qu'en octobre 1883, à la Grotte de Beaume-les-Messieurs (Jura), il eut à peine le temps de fuir devant une crue souterraine subite.

Enfin, en octobre 1899, cinq ouvriers ont été emprisonnés par une crue dans la grotte de Jeurre (Jura) et sauvés à grand'peine.

Il résulte de tout ceci qu'il faut modifier quelque peu le résumé suivant donné par M. de Lapparent :

« Dans les calcaires fissurés..., les cours d'eau sont assez espacés, car chacun d'eux exige la concentration préalable, par cheminement souterrain, des pluies tombées sur une grande superficie. En revanche, les rivières qui ont réussi à s'établir ont un débit sérieux et de plus très constant, car les variations du régime météorologique ne se font sentir que lentement sur les réservoirs intérieurs des sources. L'eau est généralement limpide, même pendant les crues, qui sont progressives et durent longtemps » (De Lapparent, *Leçons de géographie phys.*, p. 87).

La première de ces propositions est absolument vraie et fait bonne justice de la fausse théorie des nappes d'eau.

La seconde ne semble pas devoir être maintenue, puisque nous venons de voir que les variations du régime météorologique manifestent souvent en quelques heures seulement leur retentissement sur les réservoirs intérieurs des sources.

La troisième également ne peut guère subsister ; l'eau est presque toujours troublée par les crues souterraines, à cause des entraînements d'argile souterraine, et Vaucluse même a été authentiquement jaunie dans ces conditions (v. p. 45).

Les dispositions intérieures de beaucoup de fontaines pénétrables doivent suggérer les idées suivantes.

Les cavernes qui donnent issue à des cours d'eau sont parfois, comme la Balme (Isère), la Rjéka du Monténégro, Planina en Carniole, la grotte du Peak en Angleterre, le Brudoux de Lente (Drôme), Bournillon (Isère), la Grotte Sarrasine (Jura), Han-sur-Lesse (Belgique), Arch-Cave (Irlande), etc., etc., très largement ouvertes en une grandiose voûte se prolongeant vers l'intérieur ; d'autres permettent à grand'peine à l'homme de s'y introduire, soit par le trou de jaillissement de l'eau, soit par un ancien trop-plein ou par un effondrement, plus haut placés que le déversoir actuel. Dans ce second cas, elles ne tardent pas en général à s'élargir considérablement, en amont du siphonnement ou de l'étroit canal de sortie, sous la forme d'une grande salle qui sert de réservoir aux eaux, lors des crues souterraines : telles se présentent les grottes de l'Aluech et de Corp (vallée de la Dourbie, Aveyron), Marble-Arch (Irlande), Rémouchamps (Belgique), Baume-les-Messieurs (Jura), Salles-la-Source (Aveyron), etc., etc.

Sauf quelques exceptions connues, les grottes-sources dans lesquelles on a pu entrer et reconnaître cette disposition vont toutes, après l'expansion en question, en se rétrécissant vers l'amont ; une série plus ou moins longue d'étranglements et d'élargissements successifs finit toujours par aboutir, quand on en remonte le cours, à un de ces hypochètes décrits p. 60.

Or, si l'on veut bien considérer que, le long des rivières souterraines, l'alternance des larges vides d'accumulation et des rétrécissements de retenue est une loi empirique que toutes les explorations récentes ne font que confirmer de plus en plus, on en déduira cette logique conséquence, que, grâce à la pente des thalwegs souterrains, et pour obéir à la pesanteur, l'eau acquiert dans les vides d'emmagasinement une *pression hydrostatique* d'autant plus forte, que son point d'origine est plus élevé et son point d'émergence plus bas placé (v. p. 29 et 35).

Et si l'on suppose en outre que, en aval de la dernière ou plus basse chambre-réservoir, l'épaisseur de la roche, qui la sépare de l'extérieur, ne soit plus, à un moment donné, assez considérable pour résister à cette pression, on concevra tout naturellement que la masse de l'eau puisse abattre cette trop mince cloison, projeter au dehors la vanne trop faible, qui ne pouvait plus la retenir, et laisser majestueusement ouverte à l'air libre, et complètement vide, l'ultime excavation qu'elle remplissait avant de faire voler en éclats la porte de sa prison : le jour où ce cataclysme s'est produit, un déluge est sorti de la cavité éventrée et, bien loin en amont, le plan d'eau souterrain s'est abaissé, désamorçant en maintes places des siphonnements successifs, qui ne sont plus dès lors que des voûtes surbaissées.

La coupe de la grande branche de la Balme confirme à merveille cette manière de voir (*Mém. soc. Spéléologie*, n° 19).

Au fond, on trouve maintenant vingt-trois mètres de différence de niveau entre le dernier siphonnement et le seuil actuel ; cela correspondait donc à plus de deux atmosphères de pression avant l'ouverture du grand portail, sans parler de celles qui s'ajoutaient dans l'intérieur de la montagne d'amont, lorsque toutes ses fissures et cheminées étaient remplies d'eau jusqu'au plateau. Les mêmes dispositions s'observent sur les coupes de toutes les grottes citées ci-dessus. Accessoirement, on comprend même que les grandes salles soient près des issues actuelles : c'est là en effet que les eaux, au point le plus bas de leurs parcours, ont acquis la plus forte pression et qu'elles ont dû agir le plus longtemps en attendant que la vallée voisine, destinée plus tard à les drainer, fût creusée assez profondément pour ne plus contrebalancer l'effet de la pression intérieure. Enfin, l'aspect extérieur des falaises, des alcôves plutôt, dans lesquelles s'ouvrent la grotte de la Balme et ses similaires, n'est nullement en contradiction, bien au contraire, avec cette hypothèse d'une sorte d'*explosion hydraulique* qui aurait fait sauter (on ne saurait dire à quelle époque) la bonde du réservoir souterrain ; les éboulis, ravinements et crevasses de ces alcôves représentent parfaitement les *arrachements* laissés par l'accident subit.

D'où je conclus :

1° Que les grottes-sources de la première catégorie (la Balme, etc.) ont vu se terminer la principale phase de leur creusement par cette sorte d'éclatement que favorisent les circonstances locales ;

2° Que celles de la deuxième catégorie (Aluech, etc.) restent encore soumises, dans une certaine mesure, aux effets de la pression hydrostatique, sans que cependant l'éclatement y soit désormais probable, la force vive des eaux étant actuellement bien déchue de son ancienne puissance géologique ;

3° Que les sources siphonnantes impénétrables, comme Vaucluse, Sauve, etc., sont très probablement des cavernes où l'éclatement ne s'est pas encore produit, faute d'approfondissement suffisant du thalweg extérieur voisin, et où la pression hydrostatique s'exerce, autant que cette déchéance hydrologique le permet encore, en manifestant simplement sa fluctuation par les crues et les baisses qu'on observe sur toutes ces fontaines.

Les constatations de ce genre sont de nature à éclairer la question de *l'âge du creusement des cavernes*, question encore fort peu avancée ; car il est impossible d'affirmer, dans l'état actuel de nos connaissances, que les canaux souterrains actuels existaient déjà au milieu de l'époque tertiaire. On ignore absolument s'il faut faire remonter jusqu'à cette période le travail d'excavation des grottes par les eaux d'infiltration. La présence des cailloux de roches dures des Alpes à la Balme n'est pas probante ; ces cailloux ont pu être amenés de fort loin dans la grotte par les fissures d'infiltration où les eaux s'engouffrent sur le plateau.

Aux effets de la pression hydrostatique il faut encore rapporter deux ordres de phénomènes d'hydrologie souterraine qui provoquent, quand ils se manifestent, de vraies catastrophes.

L'un est celui du *sable coulant*, dont un grave exemple a été observé le 19 juillet 1895 à Boux, en Bohême (M. Klementitch, *La Nature*, n° 1198, 16 mai 1896, p. 379). Le sable coulant est du quartz pur et fin, imprégné fortement d'eau, et coulant presque aussi facilement qu'une eau boueuse. Contenu en dedans des couches terrestres, il conserve à l'infini sa mobilité, prêt à s'écouler par un orifice naturel ou artificiel quelconque. En 1890, à Schneidemühl, en Silésie (Prusse), pendant le creusement d'un puits artésien, une fontaine de sable liquide

monta à une hauteur considérable, en expulsant les instruments
de percement et en provoquant une inondation et des affaissements de terrain. A Boux c'est dans des exploitations de lignite
qu'une éruption de sable coulant a causé une terrible catastrophe
et la destruction de plusieurs maisons.

L'autre phénomène est celui des éruptions de vase dans
les marais de tourbe. M. Klinge (*Botanisches Jahrbuch*) en a
relevé neuf cas en Europe, de 1745 à 1883, dont sept en Irlande.
M. Sollas porte ce nombre à 22 cas (18 pour l'Irlande) depuis
deux cents ans,

M. Klinge croit qu'il faut chercher leur cause dans les glissements des couches de terrains inférieures à la tourbe.

Les formations calcaires de l'Irlande sont naturellement
sujettes à ces affaissements, qui sont fréquents, surtout dans les
années humides (*La Nature* du 20 juillet 1895, n° 1155,
p. 127, d'après *Ciel et Terre*).

Et il est justement arrivé le 28 décembre 1896 une terrible
éruption de tourbières près de Killarney, au Bog Haghanima :
huit personnes ont perdu la vie dans cet accident sur lequel on
trouvera des détails aux n°ˢ 1235 et 1255 de *La Nature*, 30 janvier 1897 et 19 juin.

En réalité on n'est pas encore bien fixé sur les vraies origines
des éruptions du sable coulant et des tourbières, qui restent
d'obscurs problèmes d'hydrologie souterraine.

CHAPITRE VIII

CONTAMINATION DES RIVIÈRES SOUTERRAINES. — L'EMPOISON-
NEMENT DES RÉSURGENCES PAR LES ABIMES. — LA SOURCE
DE SAUVE. — EXPÉRIENCES A LA FLUORESCÉINE.

Le résultat pratique le plus important des récentes recherches
souterraines, se rapporte à une question d'hygiène publique.
Depuis plusieurs années déjà, certains géologues et hydrologues
s'étaient demandé si les rivières, qui disparaissent dans les terrains
calcaires, ne sont pas sujettes à des causes de contamination
dans la partie supérieure de leur cours, lorsqu'elles traversent
des villages malpropres, et si leurs résurgences, après leur souterrain voyage dans les cavernes, ne sont pas beaucoup moins pures
qu'on ne le croirait. Le côté prophylactique de cette question est
très intéressant à étudier ; mais il y en a un autre qui ne l'est pas
moins et qui résulte de mes propres recherches.

En effet, dans presque tous les pays où il y a des abimes, des
puits naturels, les habitants ont pris la funeste habitude d'y jeter
les cadavres des animaux morts. Or, comme ces abimes communiquent, plus ou moins directement, en général, avec des rivières
souterraines qui vont alimenter des fontaines, il en résulte que
ces fontaines peuvent devenir des causes de contamination absolument dangereuses, qu'il est très utile de faire disparaître. Les
pluies drainées par les puits naturels commencent par rincer toutes
ces charognes avant d'atteindre les rivières souterraines, et par se
charger de ptomaïnes et de microbes plus ou moins nocifs avant
de se rendre aux fontaines qu'elles contribuent à alimenter. C'est
le cas du scialet Félix et de la source du Cholet dans le Vercors.

Cette contamination des résurgences par les abimes est une
grave question d'hygiène publique, sur laquelle je n'ai cessé d'attirer l'attention depuis 1891. J'ai fait en 1897, à ce sujet, les expériences les plus concluantes à Sauve (Gard), près Nîmes.

Il y a là toute une série d'abîmes, au fond desquels on trouve de l'eau. Le dernier n'a qu'une profondeur de 13 mètres et est situé dans le village même, dans une vieille tour où se trouve installée une écurie. A 75 mètres de distance, sort la source qui alimente le bourg. En constatant l'existence de cette écurie, au-dessus d'un bassin d'eau naturel, je me convainquis que les eaux de la source pourraient être contaminées par les infiltrations, si le bassin communiquait réellement avec la fontaine.

Avec de la fluorescéine je colorai le puits naturel et, 1 heure 20 minutes après, toute la fontaine de Sauve avait pris la coloration verte intense qui caractérise ce produit : cette coloration, qui dura de deux à trois heures, montrait bien la communication directe de la source et de l'abîme, qui recueillait toutes les infiltrations de l'écurie.

Il y a donc là un fait déplorable, qui n'est pas particulier à ces régions. Je l'ai observé presque partout. En Autriche, on a trouvé, pour supprimer cette négligence des habitants, un excellent moyen qui a consisté à forcer ceux qui avaient jeté des animaux dans les gouffres à les y aller rechercher : il paraît que la mesure a été efficace et que personne n'a recommencé.

Il est donc avéré que les résurgences ne sont pas toujours sûres au point de vue hygiénique, car les siphonnements intérieurs ont un pouvoir filtrant insuffisant pour faire disparaître les causes de contamination extérieure qui ont pu affecter les ruisseaux originaires avant leur disparition dans les goules, pertes et abîmes.

La suppression de cet état de choses est d'un intérêt capital, comme tout ce qui touche à la protection des sources.

Je ne saurais donc renouveler avec trop d'énergie, à la suite de mon expérience de Sauve, les deux vœux que j'ai déjà formulés il y a huit ans et qui consistent à inviter les pouvoirs publics :

1° A faire rechercher officiellement quels peuvent être, dans les régions calcaires de France, les puits naturels qui communiquent plus ou moins directement avec les eaux souterraines alimentant les résurgences ;

2° A interdire formellement, par des pénalités sévères, le jet des immondices et des bêtes mortes dans les gouffres où une communication de ce genre aura été reconnue ou conjecturée.

Cela comporte tout un ensemble de travaux et de mesures qui dépassent les ressources et les forces de l'initiative privée, si active qu'elle soit. Il appartiendrait aux grands corps savants d'en faire comprendre l'intérêt et l'urgence.

Le 30 janvier 1899, M. Louis Jourdan, député de la Lozère, par une question publiquement posée à la tribune de la Chambre, a attiré sur ce sujet l'attention du gouvernement, qui a promis de l'examiner sérieusement et de prendre toutes mesures nécessaires ; souhaitons que cette promesse reçoive une prompte réalisation.

D'autres observateurs ont confirmé ma manière de voir.

M. le Dr Marrel n'a pas hésité à déclarer que la fontaine de Nîmes (Gard) était au moins suspecte (*Bull. soc. d'études des sc. natur. de Nîmes*, no 4 de 1897, p. 130) ; M. le Dr Raymond, dans une curieuse expérience de coloration à la rivière souterraine de Midroï (Ardèche), a constaté que, parmi les aqueducs naturels des plateaux calcaires, les microbes, même nocifs, peuvent se développer en toute liberté (*Mém. soc. spéléol.*, no 10).

Les empoisonnements de sources dus au jet de cadavres dans les abîmes ont été signalés à diverses reprises dans le Vercors et le Dévoluy (*Spelunca*, no 12, p. 207 et no 14, p. 84).

Dans la grotte de Laurac (Ardèche), sous le village du même nom, l'épaisseur du roc qui porte l'église et l'école n'étant que de quelques mètres, les stalactites sont généralement teintées en noir, par suite des infiltrations de trous à fumier et autres fosses des constructions superposées (*Spelunca*, no 5, p. 37).

Dans la grotte de Saint-Léonard (Doubs), près Besançon, MM. Fournier et Magnin ont vu tomber de même des produits de fosses d'aisance ou de caves (*Mém. soc. spéléol.*, no 22).

Le meilleur moyen pratique pour déterminer s'il existe une correspondance réelle entre tel point d'absorption d'eau et telle résurgence supposée en communication est l'emploi des substances colorantes. Accessoirement on étudiera ainsi la vitesse de propagation des rivières souterraines ; des solutions de fluorescéine (phtaléine de la résorcine, nullement vénéneuse et dont le pouvoir colorant est à l'œil nu de 30 à 40 millions de fois son poids) jetées dans des pertes de rivières ont coloré les sources supposées correspondantes avec une rapidité plus ou moins grande.

Beaucoup d'expériences de ce genre sont demeurées infructueuses ou ont été exécutées avec trop peu de précision pour donner des résultats utiles. Ce chapitre encore est un des plus incomplets.

On l'étudie actuellement avec activité ; il faut attendre de nouveaux résultats pour s'y étendre avec quelque détail (1).

_____

(1) V. pour plus de détails, les Abîmes. p. 477. 553 et s ; — et Dr

Bornons-nous à dire que, dans les communications déjà reconnues ainsi, les vitesses de l'eau souterraine ont varié de 60 à 800 mètres à l'heure, en fonctions du volume d'eau, — de la pente, — et des obstacles souterrains (la Recca, Bramabiau, Sauve, le Jura, la Pollaccia, Padirac, l'Orbe, Han-sur-Lesse) (1) qui diminuent la section ou multiplient les frottements.

Ces expériences permettront de résoudre le problème des communications supposées entre certaines diminutions ou *saignées* naturelles de rivières et certaines résurgences qualifiées de sources, par exemple le Doubs et la source du Dessoubre (Jura), la Loire et le Loiret, la Tardoire-Bandait et la Touvre (Charente).

Mais, pour de tels volumes d'eau, les expériences coûteront cher, car il faudra procéder par dizaines de kilogrammes de fluorescéine qui se vend, selon les usines, de 11 à 20 francs le kilogramme. Là encore le concours des pouvoirs publics est nécessaire, d'autant plus que la coloration inopinée et insolite des résurgences est de nature à attirer des difficultés (sans fondement d'ailleurs) avec les municipalités ou les riverains !

AGOSTINI et MARINELLI, Studic idrografici nel Bacino della Pollaccia. *Rivista geografica italiana*, mai 1894. Rappelons aussi les expériences de M. Ferray pour l'Avre et l'Iton (Eure). *C. R. Assoc. française pour l'avancem. des sciences*. Caen, 1894, t. I, p. 155.
(1) *C. R. Ac. sciences*, 24 octobre 1898.

CHAPITRE IX

LA SPÉLÉOLOGIE GLACIAIRE. — ÉCOULEMENT DE L'EAU SOUS LES GLACIERS. — POCHES ET DÉBACLES INTRA-GLACIAIRES. — EXPLORATION DES MOULINS ET CREVASSES. — GROTTES NATURELLES SOUS LA GLACE.

Un autre problème est celui des conditions de l'écoulement des eaux de fusion sous les glaciers. C'est à peine si quelques recherches ont esquissé les questions à résoudre dans cet ordre d'idées ; leurs premiers résultats ont même provoqué, entre les différents expérimentateurs, certaines divergences d'opinion, à l'occasion desquelles il est impossible de prendre un parti dès maintenant (*Spelunca*, n° 16). Tandis que M. Forel et quelques autres glaciéristes ne croient pas à l'existence de vraies *poches d'eau* sous les glaciers, l'opinion contraire est adoptée par MM. Vallot, Rabot, Delebecque, Martel, etc. Les expériences à la fluorescéine éclaireront la controverse en permettant de déterminer le degré de vitesse des courants sous-glaciaires. Déjà les pénétrations de M. Vallot sous la mer de glace et dans ses *moulins* (v. *Annales de l'Observatoire du Mont-Blanc*, t. III), vraie *spéléologie glaciaire*, ont fait pressentir la nature de certains éléments de retenue des eaux des glaciers.

Parmi ces éléments il faut nécessairement faire figurer les poches ou bassins intra-glaciaires ; cela résulte formellement de faits et malheureusement de catastrophes trop célèbres, mais trop vite oubliées : le Schweinser-Ferner de l'Œtzthal (1891) ; glacier de Tête-Rousse à Saint-Gervais (1893) ; glacier de Crète Sèche et le val de Bagne (1894 et s.) ; les Jökulhlhaupt de l'Islande, la rupture de poche d'eau que j'ai observée moi-même au Jostedal (Norvège, 11 juillet 1894), etc. Plusieurs fois déjà j'ai exprimé mon opinion (*La Nature*, 23 mars et 2 novembre 1895 ; *C. R. Soc. géogr.*, 5 avril 1895 et 3 décembre 1897) sur l'existence, selon moi indéniable, de réservoirs d'eau dans l'intérieur des glaciers et sur les redoutables périls qu'ils présentent. Aussi bien, quiconque a traversé la surface d'un glacier, la mer de glace elle-même, a-t-il pu remarquer que certaines crevasses sont remplies d'eau et que les guides, pour en montrer la profondeur aux touristes, y lancent violemment et verticalement les bâtons ferrés qui, d'eux-mêmes, remontent de bas en haut pour revenir flotter à la surface de l'eau. Il n'y a aucune raison pour que des fissures également pleines d'eau ne se rencontrent pas dans et sous les glaciers; elles y existent certainement, tout comme dans les diaclases du calcaire. Après maint accident alpestre, n'est-ce pas dans l'eau même qu'on a retrouvé les victimes noyées au fond des crevasses où elles étaient tombées ?

A propos de la catastrophe de Saint-Gervais, M. Delebecque signale aussi le danger des lacs intra-glaciaires insoupçonnés qui « semblent être plus fréquents qu'on ne le croit généralement » (les *Lacs français*, p. 256, 316). On connaît d'ailleurs quelques exemples de cavernes naturelles creusées sous les glaciers par des eaux de température supérieure à celle de la glace fondante (glacier d'Arolla, grotte de Ruens-Braë, etc. V. *Spelunca*, nᵒ 16).

Dans un important mémoire, *Karstformen der Gletscher* (*Hellners geographische Zeitschrift*. Leipzig, t. I, 1895, p. 182-204), M. B. Sieger expose ce qui concerne les entonnoirs, lapiaz, puits naturels, vallons sans écoulement, ruisseaux souterrains, cavernes, poches d'eau souterraines, etc., que l'on trouve sur les glaciers comme dans les plateaux calcaires ; la plupart sont dus à l'ablation et à l'érosion, et sont considérablement modifiés ou contournés dans leur développement par le mouvement des glaciers. Rappelons à ce sujet la note de M. A. Delebecque *sur les entonnoirs du glacier de Gorner* dans *Arch. des scienc. phys. et natur.* de Genève, 3ᵉ période, t. XXVIII, novembre 1892, p. 491.

Tout cela permet d'affirmer qu'il existe bien une *spéléologie sous-glaciaire*, grosse de futures découvertes, mais plus dangereuse que la souterraine, à cause du mouvement d'avancement propre aux glaciers et des éboulements constants qu'ils provoquent ; les déplacements, si lents qu'ils soient, doivent rendre la visite des crevasses profondes singulièrement plus périlleuse que celle des calcaires, où les parois au moins restent rigides.

CHAPITRE X

MÉTÉOROLOGIE SOUTERRAINE. — PRESSION ATMOSPHÉRIQUE.
— IRRÉGULARITÉ DES TEMPÉRATURES DES CAVERNES ET DES
RÉSURGENCES. — APPLICATION A L'HYGIÈNE PUBLIQUE. —
ACIDE CARBONIQUE DES CAVERNES. — GAZ DE DÉCOMPOSITION
ORGANIQUE.

La météorologie des cavernes n'a été jusqu'ici l'objet que de
recherches très insuffisantes.

Pression atmosphérique. — Pour la pression de l'air on ne
peut guère citer qu'une expérience scientifique, celle d'Adolf
Schmidl à Adelsberg. Pendant vingt-quatre heures (14-15 septembre 1852) il fit des observations horaires du baromètre dans
l'intérieur de la grotte, tandis que M. Schinko se chargeait de
lectures correspondantes au dehors dans le bourg même : la conclusion générale fut que la pression était plus forte et ses variations
un peu plus amples dans la caverne.

Il y aurait lieu d'entreprendre une série d'observations sur ce
point avec des instruments enregistreurs.

Températures. Nouveaux principes reconnus. — Pour les
températures de l'air et de l'eau des cavernes et des sources, au
contraire, j'ai pu formuler, à l'aide de plus de quinze cents observations, les nouvelles données suivantes : 1° la température de
l'air des cavernes n'est pas constante ; — 2° elle n'est pas uni-
forme dans les diverses parties d'une même cavité ; — 3° celle
de l'air y est sujette aux mêmes variations et dissemblances ; —
4° elle diffère souvent de celle de l'air ; — 5° les rivières englouties
dans les cavernes y produisent, de l'été à l'hiver (et même du jour
à la nuit), des variations importantes, plus faibles cependant que
celles de l'air extérieur : — 6° la température des sources n'est pas

toujours égale à la température moyenne annuelle du lieu et celle
de l'air des cavernes non plus ; — 7° dans les abîmes verticaux,
communiquant librement avec le dehors, il se produit un renver-
sement complet entre la température de la saison chaude et celle
de la saison froide, sous l'influence de la température extérieure.

En résumé, il y a deux principales causes perturbatrices de la
température des cavernes : le poids de l'air froid qui tend à descendre pour remplacer l'air chaud, et l'influence des eaux
introduites.

Accidentellement, le voisinage d'eaux thermales peut réchauffer
des cavernes comme à Monsumano (Toscane), aux trous de Mon-
teils, près Montpellier, etc.

On sait que les courants d'air y produisent de notables refroi-
dissements en faisant évaporer l'humidité des parois ; ce phénomène, utilisé dans les *caves* à fromages de Roquefort, a été
signalé aussi par M. Raulin dans les calcaires de Montfaucon
d'Argonne (v. *Revue des sc. savantes*, t. I, 1867 et *Spelunca*, n° 5).

On trouvera tous les détails à l'appui de ces nouvelles données
sur la température des sources et des cavernes au chapitre xxxiv
de mes Abîmes ; j'ajouterai que, depuis lors, des écarts de 6° à 8°
ont été constatés, suivant les points ou les saisons, à l'abîme de
Trebic (Istrie ; *Spelunca*, n° 11, p. 139), à la Balme (Isère, *Mém.
soc. spéléol.*, n° 19), à Han-sur-Lesse (Belgique, *C. R. Ac. sc.*,
24 octobre 1898), à la Cueva del Drach (île de Majorque, *C. R.
Ac. sc.*, 14 juin 1897).

On comprend aisément que les eaux, pénétrant dans les grottes
sous forme de rivières perdues, plus ou moins chaudes selon les
saisons, introduisent de notables variations dans les cavernes
qu'elles parcourent : à Bramabiau, il y a parfois un véritable ren-
versement entre la température de l'air et celle de l'eau, du jour
à la nuit ; Vaucluse même n'est pas constante à cause des apports
des hautes régions du Ventoux et de Lure ; le ruisseau du Bru-
doux-Cholet, formé vers 1 500 mètres d'altitude dans les pots à
absorption de Fondurle (forêt de Lente, Drôme), à 5°,5 (en été),
sort de la grotte du Brudoux à 1 220 mètres à 5°,5 également ;
rentrant sous terre après un court parcours aérien à 6°, il revoit
définitivement le jour sous le nom de *source du Cholet* à 785 mètres
d'altitude à 7° seulement, ce qui ne fait qu'un degré de réchauf-
fement pour 450 mètres de descente, proportion tout à fait anor-
male, puisqu'une autre petite source, peu éloignée mais indépendante, atteint 9° à 712 mètres d'altitude.

Les résurgences d'Irlande et d'Angleterre m'ont permis d'établir (en 1895, v. *C. R. Ac. scie.*, 13 janvier 1896) définitivement que non seulement il faut amender un peu ce principe que « les sources (non thermales, bien entendu) fournissent, en général, une bonne indication de la température moyenne du lieu où elles émergent (1) », mais encore que la conclusion pratique suivante peut être tirée des observations qui précèdent. Si la température d'une source paraît inférieure en hiver et supérieure en été à la température moyenne annuelle du lieu, c'est qu'elle n'est pas intégralement formée sous terre, c'est qu'elle provient, en grande partie du moins, d'un ou plusieurs ruisseaux aériens, assez long-temps exposés aux variations superficielles et trop brièvement enfouis en terre pour y équilibrer leur degré thermique. Une telle indication serait précieuse, en mainte occasion, pour bien déter-miner la correspondance entre une source et une rivière perdue en amont, et, par conséquent, pour sauvegarder celle-ci contre toutes causes de contamination transmissibles à la perte même.

Au contraire, la constance de la température d'une source indique qu'elle a une origine fort lointaine et que ses eaux, voyageant beaucoup plus longtemps sous la terre qu'à l'air libre, ne peuvent accroître le degré thermique de la source, faute de s'être elles-mêmes, en été, réchauffées au dehors.

Dans les abîmes les plus profonds, je n'ai jamais vu, même à Rabanel, Vigne-Close, Jean-Nouveau, Viazac, la température augmenter, comme dans les mines et les tunnels, avec la pro-fondeur. Cela tient à l'extrême fissuration du calcaire et à la densité de l'air froid, qui tend toujours à se précipiter dans des fissures où il circule au moins aussi aisément que l'eau.

Cependant deux faits contraires avaient été récemment observés dans le Karst autrichien, aux abîmes de Kluc et de Bassovizza ; mais ils ont été contestés (v. *Spelunca*, n° 5, p. 43, etc.).

Ceci nous invite à rappeler qu'il faut beaucoup de soins pour les observations thermométriques dans les cavernes.

Acide carbonique. — Une des plus obscures questions de la météorologie spéléologique est celle de l'origine de l'acide car-bonique des cavernes et de ses variations inexpliquées.

---

(1) V. Daubrée. Eaux souterraines actuelles, t. I, p. 421, et de Lap-parent. Géologie, 3e édit., p. 193.

Ces variations, dans les rares exceptions où on a rencontré l'acide 'carbonique, dépendent sans doute des changements qui affectent la pression atmosphérique.

Le *creux de Souci* de la coulée du Puy de Montchal, derrière le lac Pavin, en Auvergne, a montré ainsi les plus curieuses fluctuations dans sa couche d'acide carbonique : Gaupillat, Delebecque et moi avons été arrêtés à 4 mètres du fond le 19 juin 1892 ; dans le second semestre de cette année-là, M. Berthoule y descendait sans encombre à quatre reprises ; une cinquième fois, le 10 août 1893 ; puis, le 18 août 1893, une véritable éruption d'acide carbonique se manifestait à l'orifice du gouffre (1).

Mêmes oscillations dans une poche à acide carbonique du gouffre de Roque de Corn (Lot), sur le Causse de Gramat, où nous l'avons trouvé moins abondant le 30 septembre 1895 que les 12 septembre 1890 et 3 octobre 1891 (2).

En Transylvanie, au sud de la montagne de Trachyte de Büdos, à une hauteur de 1 140 mètres, on trouve des cavernes célèbres par leurs exhalations de gaz.

La plus grande et la plus connue est le *Büdösbarlang*, caverne fétide dans laquelle on rencontre le mélange de gaz suivant : 95,49 pour 100 acide carbonique ; 0,56 pour 100 hydrogène sulfureux ; 0,01 pour 100 oxygène et 3,64 pour 100 azote (C. Siegmeth, *Mém. soc. spél.*, nº 16).

Quant à l'origine de l'acide carbonique des cavernes, elle n'est bien expliquée que pour les *mofettes* des terrains volcaniques, grottes du chien de Pouzzoles et de Royat (Puy-de-Dôme).

Pour les cavernes calcaires on est encore réduit à des conjectures diverses ; selon M. A. Janet (*Mém. soc. spéléol.*, nº 17), sa production peut être favorisée par les eaux des tourbières qui présentent généralement un certain degré d'acidité, dû à l'existence d'acide ulmique ou de composés analogues.

Cette eau agit sur le carbonate de chaux des roches en le décomposant et en mettant en liberté de l'acide carbonique, qui peut s'accumuler à un certain point dans les cavités des grottes (grotte située entre Escragnolles et Séranon, sur la route de Grasse à Castellane).

----

(1) V. les Abîmes, chap. xxII, et *Comptes Rendus de l'Académie des Sciences*, 4 juillet et 28 novembre 1892.
(2) Abîmes, p. 101, 106, 503, 510.

Il semble que, dans certaines cavernes, on ait souvent pris pour de l'acide carbonique des gaz irrespirables d'origine et de composition toutes différentes.

C'est ainsi que, dans la grotte des Fées, à Saint-Maurice (Valais, Suisse), à 500 ou 600 mètres de distance dans la principale galerie, les lumières s'éteignent presque subitement, sans que la respiration soit cependant arrêtée. Elle n'est que gênée et cette gêne, accompagnée de transpiration et de fièvre, assez sensible. La cause de ce phénomène tout particulier n'est pas, selon M. Forel, l'augmentation de l'acide carbonique (qui n'arrive pas au 4 pour 100 nécessaire pour rendre l'air irrespirable), mais bien la diminution de l'oxygène.

L'acide carbonique (1,99 pour 100) est peut-être dû, d'après M. Forel, à une combustion de matières organiques, déposées en un point de la caverne où l'on n'a pu encore parvenir.

L'hypothèse d'une accumulation et d'une décomposition de matières organiques dans une caverne n'a rien que de très conforme à certaines constatations inattendues qui ont été faites il y a quelques années par MM. Sidéridès et Gaupillat : le premier a été, en 1891 et 1892, arrêté dans l'exploration de certains Katavothres du Péloponèse par les gaz méphitiques que dégageaient des amas de végétaux pourris entraînés par les eaux d'inondations dans les recoins ou rétrécissements de ces gouffres (K. du Dragon, de Verzova, de Spilia-Gogou, etc. V. *Les Abîmes*, p. 502, etc.) ; le second a rencontré le même obstacle (qu'il a qualifié d'acide carbonique) à quelque distance de l'entrée (ou perte) de la Goule de Foussoubie (Ardèche, *Les Abîmes*, p. 106), où des cadavres d'animaux et des débris des plantes engloutis par les crues de la rivière absorbée ont parfaitement pu vicier de même l'atmosphère. L'air de ces localités n'a pas été analysé encore ; qui sait s'il ne présenterait pas une composition spéciale. — Voilà un nouveau sujet d'études pour les physiciens spéléologues !

CHAPITRE XI

GLACIÈRES NATURELLES. — INFLUENCE PRÉPONDÉRANTE DU FROID DE L'HIVER SUR LEUR FORMATION. — TROUS A VENT. — PUITS A NEIGE.

Les glacières naturelles sont des cavités (aussi bien abîmes que grottes) où les concrétions font place à des revêtements, des planchers, des stalactites et des stalagmites en véritable glace.

Des diverses théories (dont certaines fort compliquées) invoquées pour expliquer l'origine des glacières naturelles, la plus vraisemblable est simplement le froid de l'hiver.

On ne peut pas admettre (comme l'a fait Boyd-Dawkins, *Cave-Hunting*, p. 72) qu'elles soient un reste des périodes glaciaires quaternaires, car en 1727 la glacière de Chaux-les-Passavant fut entièrement vidée, et en 1743 la glace y était reformée. A Szilidze (Hongrie) (1), il n'y a presque plus de glace en novembre et elle est toute reformée au printemps, etc. En juillet 1899, j'ai vu presque vide la glacière de Fondurle (Drôme) que j'avais vue remplie trois ans auparavant à la même époque.

Il faut repousser aussi la théorie de M. de Billerez qui, en 1712, à propos de Chaux-les-Passavant (Doubs), soutenait que la réaction des eaux d'infiltration sur les sels ammoniacaux des roches provoquait un refroidissement suffisant pour produire la glace. Cette explication chimique, souvent remise en avant, n'est pas justifiée par les faits.

---

(1) M. Terlanday, *Petermann's Mittheil*, décembre 1893, p. 283, à propos de la glacière de Szilidze, est d'avis que le froid hivernal a une influence dominante, mais cependant insuffisante quand la glacière n'est pas *en forme de sac*, et surtout quand les fissures de la roche ne sont pas assez développées pour accumuler la neige ou l'eau congelée.

L'influence des courants d'air et de l'évaporation qu'ils provoquent a été de même fort exagérée (1). La plupart des glacières naturelles en sont dépourvues. Toutefois, on ne peut se prononcer sur ce point avant d'avoir multiplié les observations précises, actuellement trop peu nombreuses.

D'après la théorie dite *capillaire* (émise par M. Lowe de Boston, v. *Science Observer*, avril 1879), les bulles d'air entraînées par l'eau acquièrent une pression de plus en plus considérable dans les fissures rocheuses ; il en résulte une perte de chaleur latente, qui peut aller jusqu'à produire de la glace sur les parois des cavernes. — Si les roches avaient réellement une telle action réfrigérante en été, on devrait alors trouver des glacières dans la plupart de grottes. Il ne faut cependant pas rejeter *a priori* cette hypothèse, qui a pour elle l'autorité du Dr Schwalbe.

Il n'y a plus que les paysans et les illettrés qui puissent soutenir que la glace se forme pendant l'été ; cette opinion populaire s'explique surtout parce qu'on ne visite pas les glacières en hiver. Thury l'a réfutée depuis longtemps.

Bref, l'action du froid hivernal est la véritable cause admise par Gollut (dès 1592), De Boz (1726), Cossigny (1743), Prévost (1789), Townson (1793), Humboldt (1814), Deluc (1822). Thury (1861), Browne (1865), Krenner, et confirmée tout récemment par Fugger, Trouillet, Cvijic, Balch et moi-même (2).

Voici les faits certains qui confirment cette théorie : aucune glacière naturelle ne se rencontre aux latitudes et altitudes où la neige ne tombe jamais ; — la température des glacières est toujours plus basse en hiver qu'en été ; — leur entrée et leur forme intérieure ont toujours une disposition telle, que l'air froid de l'hiver y tombe facilement et ne peut pas en sortir, à cause de sa plus grande densité (la glace ne se rencontre jamais à un point

---

(1) Il est probable que cette influence n'est réelle qu'aux altitudes déjà assez élevées ; cela paraît résulter de l'étude des cavernes de Naye (1700 à 1900 mètres) commencée par le Pr Dutoit.

(2) THURY. Études sur les glacières naturelles. *Bibl. univ. de Genève*, 1861 ; — BROWNE. Ice Caves. Londres, 1865, in-8 ; — SCHWALBE. Ueber Eishöhlen. Berlin, 1886, in-8 (V. *Spelunca*, n° 5, p. 34); — FÜGGER. Eishöhlen, bei Salzburg. Salzburg, 1888, in-8, et Eishöhlen und Windröhren. Salzburg, 1891-3 (V. *Spelunca*, n° 3, p. 108) ; — BALCH (Edwin Swift). Ice caves and the causes of subterranean Ice. Extr. *Journal of the Franklin Institute*, mars 1897, Philadelphie, in-8.

plus haut que l'entrée, si ce n'est dans les hautes altitudes ou latitudes); — enfin, MM. Chevrot, Küss, Guerillot, etc., ont reconnu
dans le gouffre de la Caborne, à Fréquent (Jura), que le ruisseau
qui y tombe s'y congèle en hiver (*Spelunca*, n° 1, p. 25): c'est
donc bien pendant la saison froide que la glace se constitue dans
les glacières naturelles.

Topographiquement, M. Balch a proposé dernièrement (mémoire cité) de répartir les glacières en trois catégories. :

1° Les glacières où l'on arrive rapidement par une pente roide
(Kolowrats höhle, près Salzburg; Dobsina ou Dobschau, et Szi-

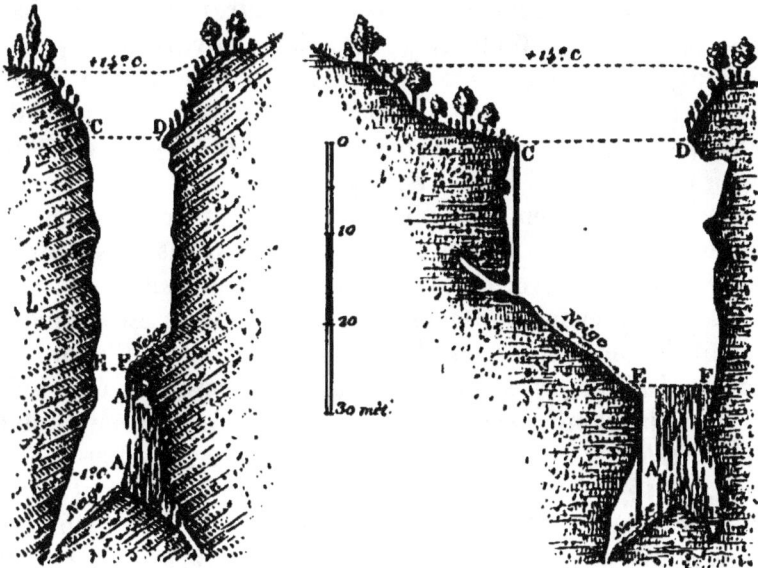

Fɪɢ. 10. — Glacière naturelle du Creux-Percé (Côte-d'Or).

lidze, en Hongrie; Roth, dans l'Eifel; Chaux-les-Passavant,
Doubs; Fondurle, Vercors);

2° Celles que l'on n'atteint qu'après avoir parcouru des galeries plus ou moins longues (Demenyfalva en Hongrie; Frauen-
mauer, en Styrie; Schafloch, près Thun en Suisse);

3° Celles que l'on trouve au fond de puits verticaux ouverts
horizontalement (la Genollière, dans le Jura; le Creux-Percé,
dans la Côte-d'Or).

Ces distinctions me semblent inutiles et illusoires. Il est plus

simple d'énoncer qu'en thèse générale les glacières offrent l'aspect
de deux entonnoirs superposés par leur pointe, celui d'un sablier :
l'entonnoir supérieur étant évasé, tous deux sont réunis par une
partie annulaire rétrécie. La neige qui tombe en hiver arrive au
fond du trou et ne fond pas ; l'air chaud de l'été ne peut parvenir
à remplacer l'air froid de l'hiver, à cause de sa moindre densité
et du rétrécissement de l'orifice.

C'est ce que les Allemands ont appelé la forme *en sac* (*Sack-
Höhle*) ; le sac étant plus ou moins oblique (mais toujours incliné)
sur l'horizon, et souvent vertical.

La plus vaste glacière connue est celle de Dobschau (la grande
salle mesure : hauteur de voûte, 10 à 11 mètres ; longueur, 120
mètres ; largeur, 35 à 60 mètres ; superficie, environ 4 644 mètres carrés) ; la surface totale de la caverne est de 8 874 mètres,
dont 7 171 recouverts par la glace (V. la monographie de
M. FISCHER dans *Annuaire du club hongrois des Carpathes*, 1888,
p. 152 à 193 ; PELECH, *idem*, 1878, p. 249).

Toutes possèdent en leur point le plus bas des fissures de
drainage pour l'eau de fusion et souvent des petits lacs temporaires. La glace y revêt les formes les plus variées.

L'influence prépondérante de l'air froid de l'hiver est surabondamment démontrée par les observations suivantes. D'abord, il
existe des *glacières périodiques* où la glace disparaît en été (juillet et août) pendant quelques semaines, notamment en Serbie
(Cvijic, *Spelunca*, n° 6) et en Bulgarie (Scorpil, *Mém. Soc.
Spéléol.*, n° 15) ; les autres peuvent donc être appelées *glacières
permanentes* ; — ensuite on peut constater, au cœur de l'été, que
la température des glacières naturelles s'élève parfois de 1° à 3°
au-dessus de zéro, et amène un commencement de fusion inachevé lorsque revient la saison froide qui reconstitue la glace.
Ainsi j'ai vu (13 juillet 1896) à Fondurle (Forêt de Lente, Vercors, Drôme, altitude 1 505 mètres) que les stalagmites colum-
naires de glace, sur lesquelles l'eau de suintement des voûtes
tombait avec la température de + 1°,5, étaient toutes creusées
du haut en bas par un tube vertical cylindrique, de 3 à 5 centim.
de diamètre, œuvre de la fusion qui se manifestait partout.

Il y a lieu de distinguer des glacières ce que les Allemands et
Anglais nomment *Wind-Löcher* et *Wind-Holes* (trous à vent),
cavernes à courant d'air, soufflant de l'air froid en été et l'absorbant en hiver, c'est-à-dire renversant le courant selon les saisons.
Le phénomène paraît dû à l'évaporation produite sur les parois

humides et qui, comme on le sait, cause une sensible perte de
calorique sur les surfaces où s'opère la perte de vapeur d'eau ; il
est indépendant de toute glaciation, puisqu'il se manifeste dans
des grottes à plusieurs degrés au-dessus de zéro. Cependant il y a
des glacières qui sont en même temps des trous à vent.

C'est ainsi que, dans plusieurs des cavernes des rochers de
Naye, canton de Vaud (Suisse), et notamment dans la plus considérable, celle qui est située à 1 750 mètres d'altitude environ
sous la grande Chaux de Naye (1 985 m.) et à 300 mètres Est
du col de Bonadon (1 759 m.), cette loi physique a créé non pas
seulement une glacière naturelle, mais un véritable glacier souterrain découvert par M. Dutoit.

M. Dutoit a pu retrouver extérieurement l'entrée supérieure
de ce grand *trou à vent*, à 60 ou 70 mètres plus haut que l'orifice
inférieur. On conçoit qu'une pareille dénivellation permette à
l'air froid des hauteurs de descendre le long de la pente du couloir
et de créer le courant d'air qui, dans les parties rétrécies, souffle
toute bougie non abritée dans une lanterne. De même, la neige
d'hiver y tombe parfaitement à son aise et s'entasse de haut en bas
du couloir avec l'air glacé de cette saison : alors, celui-ci ne peut
s'évacuer par le corridor d'entrée, qui se trouve, à cause de l'étroitesse de son orifice, complètement obstrué par la neige, si bien
que, dans l'intérieur de la caverne, la transformation de la neige
en névé, puis en glace, s'opère le plus régulièrement du monde.
Arrive la saison chaude qui désobstrue, pour quelques semaines
seulement et pas toujours complètement, l'orifice inférieur : par
là l'air chaud de l'été tend à pénétrer et à s'élever le long de la
pente de glace en la mettant en fusion. Et, de fait, on a positive-
ment remarqué que la coulée de glace tend à diminuer durant
cette saison ; mais, d'une part, cela dure trop peu de temps pour
avoir tout fondu avant le retour des neiges d'hiver et, d'autre
part, le courant d'air qui s'établit, fort violent, entre les deux ouvertures, joue son rôle actif d'évaporateur très réfrigérant : de
telle sorte qu'au plus fort de l'été la température de la salle du
glacier souterrain de Naye n'arrive jamais à dépasser + 1°.
Ainsi, la formation primordiale de la glace en cet endroit a bien
pour cause originelle la chute de l'air froid et de la neige d'hiver,
comme dans la plupart des autres glacières naturelles reconnues,
même à des altitudes notablement inférieures, telles que le Creux-
Percé de la Côte-d'Or, la Grâce-Dieu dans le Doubs, etc. Mais,
tandis que, dans ces dernières, la conservation de la glace en été,

si incompatible avec la basse altitude, est due, *avant tout*, à la forme en sac, ou en sablier, des cavités, où un étranglement médian empêche l'air réchauffant d'été de descendre à cause de sa légèreté spécifique, elle est assurée à Naye (concurremment avec les effets de la haute altitude) par le fonctionnement du Windloch, par l'*évaporation* qui en résulte, c'est-à-dire par un agent dont l'intervention a été trop souvent exagérée ou invoquée à tort dans les autres glacières sans issue. Et cela est si vrai que, dans les autres parties de la grande caverne de Naye, on ne rencontre point de glace pour les trois raisons suivantes : 1º parce que l'étroitesse et la disposition topographique de leurs points de communication avec la salle du glacier ne permettent point à la neige d'hiver d'y accéder en grandes masses ; 2º parce que l'absence d'orifices extérieurs plus bas placés n'y établit aucun courant d'air ; 3º parce que leur communication évidente avec des fissures plus profondes de la montagne, au moyen des puits encore inexplorés, rapproche leur température de celle de ces profondeurs, qui est bien supérieure au point de congélation.

D'où je crois pouvoir tirer cette conclusion définitive, que je n'avais encore déduite qu'avec certaines réserves des autres glacières naturelles par moi observées, savoir que les causes qui l'occasionnent sont, par ordre d'importance, les suivantes : 1º forme de la cavité ; 2º libre accès de la neige en hiver ; 3º altitude ; 4º évaporation due aux courants d'air.

Les quatre causes sont réunies à Naye, les trois premières au Chourun Clot du Dévoluy (v. *Annuaire des Touristes du Dauphiné* pour 1896, p. 184), à Fondurle et à Dobschau, et les deux premières seules au Creux-Percé et à la Grâce-Dieu et à d'autres si extraordinairement bas placées, qu'on a été chercher en vérité bien loin pour les expliquer scientifiquement.

J'ajouterai même, d'après ce que j'ai vu dans les galeries inférieures à Naye, qu'il faut peut-être considérer les glacières *en sac* comme continuées en profondeur simplement par des fissures quasi-capillaires, où la petite quantité d'eau de fusion estivale peut s'évacuer à grand'peine et sans communication avec aucune grande cavité sous-jacente ; c'est-à-dire que, contrairement à ce que l'on pense en général et à ce que j'ai moi-même supposé tout d'abord, des glacières comme celles de Fondurle, le Chourun-Clot, Dobschau, etc., sont pratiquement des culs-de-sac et qu'aucun travail de désobstruction ou d'élargissement de leurs fissures terminales n'y ferait découvrir de vastes prolongement. Si ces cavernes existaient, en effet, je ne puis croire que l'ascension inévitable de leur air, plus chaud et plus léger, ne s'opposerait pas à la conservation de la glace et alors je comprends aussi pourquoi il n'y a pas de glacière dans la seconde salle du Chourun de Pré-de-Laup (v. *Annuaire des touristes du Dauphiné* pour 1896, p. 187), en Dévoluy, tourné à l'est comme le Chourun Clot, fort élevé aussi, et pourvu d'une chute et d'un étranglement propices entre le premier et le second puits. C'est à cause de l'existence d'un troisième puits (impraticable sans en élargir l'ouverture), d'au moins 20 mètres de profondeur, que m'a révélé la chute des pierres : à lui seul et théoriquement, ce puits suffirait à produire une élévation géothermique de plus de 1/2 degré C. (à raison d'un degré par 33 mètres, moyenne actuellement admise). Et en fait, l'observation a donné justement les températures suivantes dans ce chourun : au fond du premier puits 5°5, à l'entrée rétrécie du deuxième puits 5° et au sommet du troisième puits 6° : voilà, certes, des chiffres singulièrement démonstratifs de la thèse que je viens d'exposer.

Ne quittons pas le chapitre des glacières sans dire un mot des *puits à neige*, si fréquents dans les formations calcaires des Alpes, de la Crimée, etc., cavités béantes s'enfonçant perpendiculairement dans la montagne. Ce sont de vraies bouches d'*avens* ou puits naturels, mais qui, à cause de leur grande altitude, se remplissent de neige en hiver comme les puits du Parmelan (Haute-Savoie), du Dévoluy (Hautes-Alpes), etc. ; cette neige, n'arrivant pas à fondre complètement pendant l'été, obstrue le fond du gouffre et empêche d'en explorer les prolongements inférieurs. Un de ces puits caractéristiques est situé sur l'arête N. E. des rochers de Naye, vers 1 980 mètres d'altitude, derrière l'enclos désigné sous le nom de jardin alpestre; je l'ai vu complètement bouché par la neige à une dizaine de mètres de profondeur et j'ai pu me convaincre alors que, conformément à une théorie mise en avant pour expliquer l'origine de certains lapiaz alpestres, l'action corrosive de la neige persistante a très bien pu être le facteur principal de l'agrandissement de la diaclase préexistante. Toute salie par la terre, les matières végétales, les débris animaux que le vent amène ou que l'on jette volontairement dans ces entonnoirs, la neige doit se pénétrer de l'acide carbonique provenant de la décomposition des matières organiques et, par contact lent, mais permanent, avec les rochers encaissants, elle rend dominante l'action chimique ou corrosive, l'érosion ou action mécanique des ruissellements d'eau rapides et temporaires étant reléguée tout à fait au second plan.

Certains de ces puits sont devenus assez larges pour ne pas être entièrement comblés et pour communiquer directement avec des ramifications internes qui viennent parfois s'ouvrir plus bas, comme dans les escarpements de Naye : c'est alors qu'on se trouve en présence de cavernes à deux (ou plusieurs) ouvertures, situées à des niveaux très différents, et entre lesquelles s'établissent de violents courants d'air, qui font rentrer ces grottes dans la catégorie des trous à vent.

Mes recherches de 1899 dans les puits à neige du Dévoluy m'ont fait voir que l'épaisseur de la neige peut y être considérable : elle atteint au moins 44 mètres dans le chourun de la Parza, près de Saint-Disdier, etc. De telles accumulations névéennes expliquent pourquoi la source des Gillardes est froide (6° au lieu de la normale qui devrait être de 9°), etc.

On voit que ce chapitre de la spéléologie est encore un des plus curieux à étudier.

CHAPITRE XII

Il est aisé de comprendre qu'une relation puisse exister entre
les abîmes, cavernes et sources d'une part, et les filons métallifères d'autre part, puisque les cassures naturelles du sol ont
dirigé aussi bien le travail excavateur des eaux souterraines que,
l'œuvre de précipitation ancienne des émanations métalliques.

Dans les phénomènes d'altération divers et de remise en mouvement des minerais, que les eaux superficielles chargées d'oxygène,
d'acide carbonique, de nitrates, chlorures, fluorures, etc., produisent sur la partie haute des filons et particulièrement quand
ceux-ci recoupent des calcaires, on a souvent constaté l'intervention de véritables grottes contiguës à ces filons, et où se sont parfois
redéposés, par une réaction secondaire, des minerais empruntés aux
gîtes voisins. Ces grottes incrustées ainsi de galène, de blende, de
carbonate de plomb, de calamine, de gypse, etc.. où l'on a parfois
voulu voir la forme primitive du gîte métallifère, ont été en réalité
creusées longtemps après le dépôt de celui-ci, alors que la surface
du sol était déjà à son niveau actuel, et l'on comprend que les
eaux, acidifiées par leur contact avec des sulfures métalliques
divers en présence de l'oxygène de l'air, aient dû avoir sur les
calcaires une action corrosive tout particulièrement intense.

Nous nous contenterons de rappeler ici, parmi les cas les
plus connus de grottes ouvertes au contact de gîtes métallifères, ceux du Laurium en Grèce, d'Euréka dans le Nevada,
Leadville, Mineral-Pont (Visconsin) (carbonate de plomb ou
cérusite).

Les poches de phosphorite du Quercy, de phosphate et de manganèse du Nassau, de minerai de fer sidérolithique du Berry, etc., se rattachent également au même ordre de phénomènes.

Il y aurait un grand intérêt à préciser, par des études directes et méthodiques sur ces grottes et poches, les conditions exactes de ces relations, la vraie nature du rapport entre les cavernes et les filons, l'ordre de succession des deux phénomènes, etc.

Les profondes explorations d'abîmes sont-elles de nature à faire connaître dans cet ordre d'idées des choses intéressantes ?

Quelques faits jusqu'ici peu nombreux, mais très caractéristiques, permettent de répondre affirmativement et sans hésitation.

Le plus curieux est la galerie de mine découverte en juillet 1892 par M. G. Gaupillat, au fond de l'abîme de Bouche-Payrol près Silvanès (Aveyron), à 120 mètres sous terre. Il se trouve dans le calcaire de transition ; la galerie est taillée à pic ; les scories et la couleur verte des stalactites dénotent un gisement cuprifère : cette exploitation reste un mystère, et l'on n'a pas encore fait l'étude voulue pour la solution de ce bizarre problème.

Une des galeries de Bramabiau renferme un filon de fer, dont l'injection en pleins calcaires infra-liasiques n'est pas moins énigmatique. Cela confirme combien les eaux souterraines aiment à cotoyer les filons, qui ont utilisé eux-mêmes les fractures du sol, et dont les gangues sont souvent délitables.

De même, dans le Taurus cilicien (Asie-Mineure) à Bulgar-Dagh, entre 2 000 et 2 400 mètres d'altitude, M. Brisse a reconnu que des gisements de plomb sulfuré primitifs se sont déposés au contact de calcaires et de filons-couches de porphyres à quartz globulaire, intercalés dans les calcaires ; mais que, postérieurement, ils ont été modifiés et déplacés par la circulation de véritables rivières souterraines, aujourd'hui disparues, et qu'il en est résulté, sur l'ancien parcours des eaux, des successions de grottes béantes où, parfois, se sont stratifiées des couches de minerai apporté mécaniquement et oxydé.

Les cavernes du Peak en Derbyshire (Angleterre) recoupent une quantité de filons plombifères (1).

L'une d'elles, la Blue-John-Mine, est même le gisement

---

(1) LECORNU. Mémoire sur le calcaire carbonifère et les filons de plomb du Derbyshire. *Annales des mines*, 7e série, XV, p. 1 ; — MARTEL. Irlande et Cavernes anglaises, avec bibliographie. Paris, 1897.

presque unique d'une substance minérale, la fluorine, dont les dépôts exploitables par grandes masses sont fort rares (chaux fluatée, fluorure de calcium, spath fluor). On en fait des vases et bibelots d'ornement. On prétend même que les précieux *vases murrhins* dont parle Pline étaient en fluorine.

La Blue-John-Mine est un extraordinaire labyrinthe de fissures naturelles, tout un réseau d'*avens* intérieurs, réunis à leur base par des couloirs plus ou moins inclinés.

Il semble que la Blue-John-Mine (1) ait primitivement reçu dans ses cassures préexistantes le dépôt de la fluorine émanée des profondeurs du globe, conjointement avec le toadstone et les filons de plomb du voisinage, et qu'ensuite des infiltrations, plus abondantes sans doute que celles de nos jours, aient de haut en bas remanié et bouleversé ce dépôt et agrandi en cavernes et abîmes les fissures où il s'était effectué.

Pour l'étude de ces difficiles problèmes de géologie, il y a lieu de renvoyer aux récents travaux de M. de Launay (2) qui, pour les principaux métaux, a donné quantité d'exemples techniques de substitution et transformation par remise en mouvement, et fait à merveille comprendre quels services la spéléologie pourrait rendre aux mineurs.

Les cavernes ont, au surplus, fourni çà et là les substances minérales les plus diverses. En Styrie le carbonate de chaux de la Kraus-Grotte s'est substitué à du gypse en lui empruntant sa forme de cristallisation ; cet accident, comme celui des stalactites calaminaires du Laurium, est une pseudo-morphose due à l'acide carbonique des eaux d'infiltration. Au trou des Caveaux à Montrond, près Besançon, M. Fournier vient de trouver (1899) de l'epsomite et de la giobertite (sulfate et carbonate de magnésie), provenant d'une décomposition de calcaires dolomitiques très magnésiens (V. *Mém. soc. spéléol.*, n° 21).

Dans la grotte de Douboca (Serbie) M. Cvijic a rencontré, au milieu des alluvions du sol, des paillettes d'or qui se trouvent dans l'alluvium et dans le diluvium des rivières qui proviennent des schistes cristallins au nord de la zone calcaire (*Spelunca*, n° 3).

---

(1) Pour la description de la Blue-John-Mine et l'origine de la fluorine, v. MARTEL, Applications géologiques de la spéléologie, juillet 1896.
(2) Relations des gisements de plomb avec les cavernes *C. R. Ac. Sc.*, 14 juin 1897 ; — Contribution à l'étude des gisements métallifères. *Annales des mines*, août 1897, etc.

Les cavernes des terrains volcaniques renferment de l'alun en proportions exploitables en Transylvanie (*Mém. soc. Spéléol.*, n° 16), aux îles Lipari (*Spelunca*, n° 6), etc.

Quand au salpêtre, il est abondant dans beaucoup de cavernes, et à Mammouth Cave (Kentucky) il a même donné lieu à une active exploitation pour la fabrique de la poudre, lors des guerres de l'Indépendance des États-Unis.

Sous terre se rencontrent aussi plusieurs espèces de phosphates : de chaux, dans les poches à phosphorites du Quercy et quelques cavités de l'Ardèche ; d'alumine, récemment découverts par M. Armand Gautier dans la grotte de Minerve, et nommés par lui Minervite (*C. R. Acad. Sc.*, 1893 ; *Annales des mines*, janvier 1894), et recueillis aussi dans la grotte de la Tour-Combes (Oran, Algérie ; *C. R. Acad. Sc.* 15 juillet 1895). Ceux-ci proviennent, d'après MM. A. Gautier et Ad. Carnot, de la décomposition des amas de matières organiques, animales ou végétales, sortes de guanos dont le phosphore et l'azote, convertis par oxydation en phosphate d'ammoniaque, ont dû être entraînés par les eaux vers les dépressions des grottes ou les fissures qui la mettaient en communication avec la surface. L'azote a dû être, en majeure partie, converti en nitrates solubles qui ont disparu ; mais il est cependant resté aussi un peu de matière organique et une certaine quantité d'ammoniaque fixée à l'état de phosphate.

Quant aux phosphates de chaux, ils ne sont également que des dépôts d'altération accumulés dans des poches ; l'hypothèse d'une origine éruptive ou hydrothermale semble devoir être abandonnée.

D'abord, les poches à phosphates ou à minerai sont toujours *absolument fermées* à leur partie inférieure.

Ensuite les prétendues fractures avec lesquelles on a voulu voir les phosphates en relation n'existent généralement pas.

Quant aux argiles rouges (Terra Rossa), dites sidérolithiques, nous avons vu (p. 44) que ce sont des résidus de décalcification très ferrugineux, contenant parfois des pisolithes de fer et des grains de quartz. Ces argiles, accumulées dans les dépressions, existent à la surface et dans toutes les anfractuosités des plateaux calcaires ; elles sont nettement limitées à l'extension des étages calcaires dont elles sont un produit d'altération. Leur âge est difficile à préciser, mais on peut dire que ces dépôts ont commencé à se former à l'époque tertiaire et ont continué à se développer pendant toute la période quaternaire.

CHAPITRE XIII

LES CONCRÉTIONS. — STALACTITES ET STALAGMITES. — CALCITE, ARAGONITE, KTYPÉITE. — MONDMILCH. — PERLES DES CAVERNES. — STALAGMITES D'ARGILE. — EAUX PERÇANTES. — INFLUENCE DES EAUX COURANTES, TEMPORAIRES, STAGNANTES. — LES GOURS. — LES TUFS : LEUR FORMATION ET LEURS DANGERS. — LE REMPLISSAGE DES CAVERNES.

Il nous semble inutile d'expliquer comment se forment les concrétions qui revêtent les cavernes de cristallisations blanches, d'aspects souvent si merveilleux, chose depuis longtemps connue : c'est, on le sait, par l'évaporation des suintements et des gouttes d'eau chargées de carbonate de chaux et par la précipitation des molécules de cette substance, que se constituent, avec une infinie lenteur, les *stalactites* pendant des voûtes, les *stalagmites* reposant sur le sol et les autres revêtements cristallins des cavernes.

On connaît jusqu'à présent trois formes naturelles de concrétions de carbonate de chaux : la *calcite*, la plus fréquente ; l'*aragonite*, cristallisant en fines aiguilles (à la grotte de Dargilan, par exemple, salle du Tombeau) ; enfin la *ktypéite*, qui a été découverte par M. Lacroix dans les pisolithes des sources thermales de Carlsbad (Bohême) et Hammann-Meskoutine. Ses propriétés cristallographiques sont spéciales ; chauffée au rouge, elle détone violemment, c'est pourquoi M. Lacroix la nomme Ktypéite, du grec κτυπεω (*C. R. Ac. Scie.*, 14 février 1898).

Il sera bon de rechercher si les concrétions des cavernes ne fournissent pas d'exemples de cette substance et ne devraient pas aussi leur origine primitive à des eaux thermales, comme l'ont supposé MM. Parandier et Marcel de Serres.

On n'ignore pas que, à cause de l'extrême variété constatée dans la durée de croissance des stalagmites, on ne peut en aucune façon considérer leur hauteur comme un élément de calcul chro nologique (v. *les Abîmes*, p. 567 ; *Mém. soc. spéléol.*, n° 10 p. 30, n° 20, p. 12, etc.). Tantôt la rapidité peut être qualifiée de très grande, tantôt au contraire aucun changement n'est appréciable pendant plusieurs années. Quant aux formes et accidents multiples qui affectent les stalactites et les stalagmites, il est absolument impossible de les passer en revue, tant la variété en est grande. Signalons seulement quelques particularités qui ont depuis peu attiré l'attention des observateurs.

On a appelé *Mondmilch* (lait de lune) une forme pâteuse du carbonate de chaux, qui paraît être simplement de la stalagmite tellement imbibée d'eau qu'elle n'a pu se solidifier. On la trouve dans la grotte du Mondmilchloch sur les flancs du mont Pilate, près Lucerne (*Annuaire Club-Alpin*, Suisse, 1894-5), à la source de Fonderbie (Lot), dans l'aven de Saint-Césaire (Alpes-Maritimes, *Mém. spéléol.*, n° 11, p. 374), etc.

Les *Höhlen-Perlen* (Perles des grottes) des Autrichiens ne sont que des pisolithes qui ressemblent à de gros pois.

Ces concrétions, de forme sphérique, ont un diamètre variant de 0^m,005 à 0^m,015. Lorsqu'on les casse, on les voit formées de couches concentriques très régulières. Au centre, on remarque le plus souvent deux ou trois petits grains siliceux, quelquefois microscopiques. Elles sont formées par le mouvement continuel de l'eau calcarifère dans les lieux où tombe une eau tourbillonnante ; les grains longtemps suspendus peuvent acquérir un certain volume en se chargeant continuellement de couches calcaires.

Dans beaucoup de sources thermales, on assiste à la production actuelle des pisolithes : à Carlsbad, Bohême, (dragées) ; *confetti* à San Filippo, Toscane ; source de Hammam-Meskoutine.

On en a recueilli dans les grottes suivantes : Falkenhayn-Höhle (Carniole, près Planina), Dargilan, Padirac, trou de Poudrey (près Besançon), et il suffira de les bien chercher pour en trouver dans les bassins de cavernes où l'eau tombe d'un peu haut.

Et même dans une glacière naturelle de Serbie, M. Cvijič (*Spelunca*, n° 6) en a recueilli jusque dans les petites cuvettes de fusion qui creusent le sommet de stalagmites des glaces (v. p. 93).

De véritables stalagmites d'*argile pure* ont été observées aux cavernes de Salles-la-Source, de Dargilan, de Sainte-Catherine (Jura ; *Mém. soc. spéléol.*, n° 6, p. 23) ; elles sont formées sous des fissures par où suintent des eaux beaucoup plus chargées d'argile que de carbonate ; il va sans dire qu'elles n'ont aucune solidité et s'enlèvent à la main, comme de simples mottes de terre.

On appelle *eaux perçantes* un phénomène absolument inverse de celui de la formation des stalagmites : ce sont des entonnoirs calcaires qui s'enfoncent parfois à 30 centimètres de profondeur dans le sol (grotte de Saint-Marcel d'Ardèche). Les gouttes d'eau tombent de la voûte sur le sol argileux et le perforent.

Quand le sol d'une caverne résonne sous les pas, en général on en conclut qu'il y a des étages inférieurs ; *c'est là une des anciennes erreurs qui avaient couru à propos des cavernes.* On sait maintenant que cet effet se produit lorsque c'est la terre au lieu de rocher qui sert de substratum à la stalagmite ; la résonance de celle-ci ne prouve nullement l'existence de grands vides au-dessous.

Notons comme autres méprises que différents auteurs avaient prétendu que les stalactites des cavernes ne se formaient pas sous les voûtes trop épaisses ou trop minces. Or c'est sous une voûte de 5 à 10 mètres d'épaisseur seulement que scintillent par milliers de fines aiguilles qui font une merveille de la grotte du Dragon à Majorque (Baléares), et l'extraordinaire *forêt vierge* de l'aven Armand (Lozère ; 400 colonnes de 1 à 30 mètres de hauteur) a *poussé* sous un plafond d'environ 100 mètres d'épaisseur (v. *Tour du Monde*, juin 1898 et *Mém. soc. spéléol.*, n° 20).

Le régime des rivières souterraines exerce une influence marquée sur la formation des concrétions : dans les galeries où l'eau s'écoule constamment ou avec des intermittences peu espacées, les précipitations de carbonate de chaux n'ont pas le temps de se déposer, ou bien se trouvent *lavées* par chaque crue, avant d'être consolidées (grotte de Gaping-Ghyll, rivière souterraine du Tindoul de la Vayssière, grotte de Douboca, etc.).

Si les venues d'eau ne se produisent qu'à d'assez longs intervalles (dans les galeries des trop-pleins), les concrétions peuvent s'accroître entre deux crues ; et alors il arrivera souvent que la stalagmite (ou stalactite) revêtue de limon ou d'argile par les eaux boueuses de l'inondation présentera, dans sa section, une alternance de zones calcaires et argileuses ; ce cas, très fréquent, est particulièrement bien observable à Han-sur-Lesse.

Les courants d'eau intermittents produisent le phénomène très curieux des *gours*, dont j'ai fini par trouver l'explication.

J'ai appelé *gours* (par analogie avec les creux formés au pied des chutes d'eau dans les Cévennes et les Alpes) les bourrelets saillants de carbonate de chaux qui créent de si jolis barrages et bassins en travers des ruisseaux ou suintements souterrains. La moindre saillie du sol primitif, arête rocheuse, relèvement

du rebord d'une fente argileuse, bourrelet de sable ou cordon
de cailloux, suffit à l'origine pour provoquer, en arrière de l'obstacle, une retenue d'eau. Si faible que soit cette retenue, si légère
que soit la saillie, il en résulte que, s'il y a des intermittences
dans l'écoulement, le phénomène suivant se manifestera au
moment où le liquide cessera de fluer : le carbonate de chaux,
dont l'eau des grottes calcaires est sursaturée, commencera à se
précipiter sur le relief, même à peine sensible, de l'obstacle ; la
couche d'eau extrêmement mince, qui s'arrêtera sur la surface
du bourrelet sera bien vite *saisie*, pour ainsi dire, par l'évaporation qui consommera l'élément humide et isolera l'excès de
parcelles solides en suspens. Si ténue sera la pellicule (d'épaisseur microscopique) de carbonate ainsi déposée par ce premier
temps de l'opération, qu'elle aura tout le loisir de se solidifier
complètement jusqu'à la prochaine crue ou venue d'eau ;
celle-ci déposera une deuxième pellicule aussi fine, mais les
siècles, répétant la manœuvre à l'infini, élèveront peu à peu ces
étonnantes cuvettes qui se forment en somme de la même manière que les stalagmites, avec ces différences que l'eau y agira
non pas goutte à goutte, par stillicide, mais par le contact et les
oscillations d'une surface d'eau intermittente et de niveaux variables, perdant son carbonate de chaux comme les chotts du
Sahara déposent le sel sur leurs rives, et que leur forme sera
serpentine en plan (selon les caprices de l'obstacle qui en aura
été la base originaire) et à angle dièdre en profil, parce que
l'eau, en s'évaporant, redescendra de part et d'autre de la crête
(grottes de la Balm, Saint-Marcel, Padirac, Saint-Canzian, etc.).

Ainsi les gours, bassins, cuvettes et autres bourrelets ou récipients stalagmitiques sinueux et à double pente sont dus à trois
causes : inégalités du sous-sol, intermittence des afflux d'eau et
précipitation du carbonate de chaux par l'évaporation.

On peut aussi poser comme règle pratique que, là où on les
rencontre, on se trouve en présence d'une activité hydrologique
non permanente et, en maints endroits, fort déchue de son
ancienne activité. Leur structure confirme ce qui précède,
car ils sont formés de fines aiguilles et de filaments entrelacés,
dénonçant le produit d'une *cristallisation opérée lentement dans un
liquide au repos*. M. le Dr Raymond a même trouvé dans la
rivière souterraine de la Dragonnière (Ardèche) des particules de
carbonate de chaux assez ténues pour flotter à la surface de l'eau
et la couvrir d'une mince pellicule (*Mém. soc. spéléol.*, n° 10).

Les *tufs* (1) que l'on voit à l'issue de presque toutes les rivières souterraines qui sortent de terre en cascades ne sont pas autre chose que de la stalagmite aérienne. Nous avons dit (p. 19) qu'ils sont parfois creusés eux-mêmes de cavernes de notables dimensions et avons expliqué (p. 27) qu'il sont dus à la précipitation brusque des portions de carbonate de chaux que la rivière n'a pas déposées dans son cours souterrain. Leur structure poreuse, peu compacte, provient de leur mélange avec les poussières de l'air, la terre végétale et les résidus organiques de toutes sortes.

A l'origine, certains tufs ont pu être déposés par des sources thermales, ou du moins plus chaudes que de nos jours; mais actuellement les sources froides des grottes continuent à les accroître. Il suffit pour cela que l'eau, au moment où elle s'échappe de terre, remplisse les deux conditions d'une saturation du carbonate de chaux et d'une chute brusque à l'air libre (*les Abîmes*, p. 246, 419, 552).

Il y a d'ailleurs des cascades de rivières aériennes qui forment, à froid, des dépôts de tufs calcaires importants, par exemple les belles chutes de la Kerka en Dalmatie (sans parler des dépôts analogues de *silice* aux sources thermales d'Hammam-Meskoutine, Pamboukaliese, geysers du Yellowstone, etc.). Le phénomène est dû à l'*émiettement* et à l'évaporation rapide des gouttelettes d'eau d'où retombe l'excès de carbonate de chaux.

Dans les tufs disposés en draperies, il est facile de reconnaître le cordon des anciennes plantes grimpantes qui en sont comme le squelette. Les mousses concourent aussi à créer la porosité.

Enfin des dispositions topographiques particulières peuvent diriger la marche du dépôt de tuf de telle façon que, tôt ou tard, le cours d'eau soit amené à en miner le pied et à le creuser par en dessous en véritable tunnel ou pont naturel (Pont à Dieu, grotte Saint-André, Perte de l'Argens, grotte de Saint-Allyre, etc.).

Les petits abîmes de Brissac (Hérault) et du Ragas (Var) sont garnis à l'orifice de tufs déposés par les éruptions aqueuses qui parfois en jaillissent (*Mém. soc. spéléol.*, n° 20, p. 23).

Il est important de noter que, susceptibles d'être ainsi minés par les eaux, les dépôts de tufs n'ont pas du tout la solidité qu'on

(1) Sur la formation des tufs, v. BELGRAND. *Bull. Soc. géolog.*, session extraordinaire de Montpellier, 1868, p. 331.

leur prête. Les éboulements de Saint-Pierre-Livron (Tarn-et-Garonne, 29 mars 1897) et du moulin de la Tuffière (Ain, 18 octobre 1896) (v. *Spelunca*, 13, et *Mém. soc. spéléol.*, n° 19), provoqués par des affouillements d'eau et des *arrachements* de tuf en ont fourni la désastreuse preuve.

Le village de Salles-la-Source (Aveyron), bâti sur trois terrasses de tuf, pourra bien être un jour dévasté par une semblable catastrophe. Il serait opportun d'inspecter soigneusement tous ceux qui, jusqu'à présent, ont inspiré une confiance certainement exagérée. L'attention du service des mines et carrières devrait être appelée sur ce point, si nouvellement mis en lumière.

On sait que ces tufs contiennent de nombreuses empreintes de végétaux et de mollusques terrestres appartenant à la faune actuelle. On y rencontre même des os de cheval, de bœuf, etc.

Les tufs de la Gaubert (Dordogne), étudiés par MM. E. Rivière et Renault, ont même livré des empreintes de plantes peut-être tertiaires (*C. R. Ac. sc.*, 5 septembre 1898).

Les tufs sont d'ailleurs un sujet d'études nullement épuisé. A l'Embut de Caussols (Alpes-Maritimes), M. Janet a constaté qu'après avoir encombré les galeries ils semblent se dissoudre à nouveau : « la teneur en sels a diminué à un tel point qu'il y « a plutôt actuellement dissolution des anciens dépôts que conti- « nuation de leur formation » (*Mém. soc. spéléol.*, n° 17).

Au chapitre des concrétions, qui bouchent et obstruent tant de galeries souterraines, doit se rattacher la question si controversée du remplissage des cavernes. Elle a été définitivement résolue par M. Boule (*Anthropologie*, 1892, et la *grotte de Reilhac*, avec M. Cartailhac, Lyon, 1889). Comme lui et comme MM. Boyd Dawkins, Fraas, Noulet, Fraipont, Tihon, etc., il faut penser que les matériaux de remplissage des grottes ont une origine complexe : altération sur place de la roche (décalcification) ; — entraînement par les fissures descendant de plateaux ; — apport d'anciens cours d'eau souterrains ou même (plus rarement) des cours d'eau de la vallée ; — délitement et éboulements internes de la roche encaissante ; — apports de l'homme ou des animaux, etc.

C'est surtout par les fissures verticales des voûtes (cheminées ou avens) que les pluies et infiltrations extérieures ont amené des quantités prodigieuses d'argile et de matériaux divers de transport. Il y a même là une cause de remaniement naturel des dépôts anciens des cavernes, contre laquelle il faut que les fouilleurs soient bien prémunis.

CHAPITRE XIV

TRAVAUX PRATIQUES. — DÉSOBSTRUCTION DE PERTES. —
DESSÈCHEMENT DE MARAIS. — RECHERCHES DE RÉSERVOIRS
NATURELS. — DÉSOBSTRUCTION D'ABIMES. — REBOISEMENT. —
INDICATIONS POUR LES TRAVAUX PUBLICS. — EXPÉRIENCES SCIEN-
TIFIQUES DIVERSES. — RECHERCHES PALÉONTOLOGIQUES.

A un point de vue particulièrement utilitaire, je ne puis que
mentionner très sommairement les travaux de désobstruction
de pertes, effectués en Autriche par MM. Putick, Hrasky, Ballif, Riedel (1) (v. *Spelunca*, n° 5), en Grèce (Katavothres) par
M. Sidéridès. Leur principal résultat a été de découvrir les cavernes où se déversent ces pertes, de les transformer en réservoirs et d'en protéger l'entrée par des grilles qui empêchent les
matériaux détritiques de les boucher ; cela a eu pour portée
pratique capitale d'empêcher désormais les inondations périodiques qui ravageaient beaucoup de vallées. A Drone (Ain) on a
percé un tunnel de dégorgement pour les eaux d'un bassin fermé
(*Spelunca*, n°s 9-10) ; M. Fournier estime qu'on pourrait aussi
dessécher de même le marais de Saône, près Besançon (*Spelunca*, n° 15).

En pénétrant dans les trop-pleins de sources on peut parvenir
à la découverte et à la mise en valeur de leurs réservoirs inu-
tilisés, et cela au moyen de travaux appropriés.

---

(1) Wasserbauten in Bosnien und der Hercegovina. I. Theil. Melio-
rationsarbeiten und Cisternen im Karstgebiete. Dargestellt von PHILIPP
BALLIF Bosn.-herzeg. Baurath, etc. Herausgegeben von der bosn.-herzeg.
Landesregierung. Vien, 1836, in 4, chez Adolf Holzhausen, 92 p. et 25
planches en couleur et phototypie.

Cela s'est déjà réalisé pour une source qui alimente Poitiers, — pour celle de Dardenne (gouffre du Ragas), à Toulon, — à la source du Plan (Vaucluse), — à celle d'Ardenya (Catalogne, travaux de M. Font y Sagué, 1897), etc.; — actuellement M. Rossin poursuit ce problème au fond des barrancs d'Opoul (Aude). Et le ministère de l'agriculture cherche de son côté à corriger les fâcheux effets des considérables et préjudiciables écarts de Vaucluse (4^m,50 à 150 mètres cubes par seconde).

J'ai dit (p. 54) ce qu'il y aurait à faire pour la désobstruction des abîmes.

Nous avons vu (p. 59) combien sont innombrables les preuves du dessèchement : disparition ou diminution de sources, officiellement constatées depuis un siècle environ ; petitesse des canaux souterrains actuels, comparés à ceux des anciennes rivières souterraines abandonnées (à la Piuka, par exemple) ; délaissement complet, par l'eau souterraine, d'aqueducs naturels aussi immenses que ceux de la grotte de Saint-Marcel-d'Ardèche, etc., etc.

Le reboisement est le seul remède à ce fléau : boucher autant qu'on le pourra, par la reconstitution de la terre végétale, les moindres méats des terrains fissurés, c'est assurer la conservation d'une grande part de l'humidité superficielle et retarder d'autant *l'âge de la soif.*

On sait, hélas, quels déplorables effets le déboisement a produits en France, et quelles véritables luttes le gouvernement a dû entreprendre, pour les pallier, contre l'insouciance ou le mauvais vouloir des populations agricoles.

L'Autriche est fort en avance sur nous pour cette question encore et le reboisement du Karst est en pleine activité depuis la loi du 9 décembre 1883 (*Spelunca*, n° 13).

Les explorations spéléologiques peuvent rendre de signalés services aux ingénieurs chargés de travaux publics, en leur faisant connaître les cavités qui pourraient être dangereuses ou gênantes pour l'édification des routes ou des voies ferrées. On pourrait citer de nombreux exemples de cavernes accidentellement découvertes pendant le percement de tunnels par exemple, cavernes souvent remplies d'eau dont l'évacuation subite mettait en péril l'existence des ouvriers (chemin de fer de Trieste à Herpelje, sur le Karst ; tunnels de Murel et Fontille, entre Brive et Corrèze; faille du Larzac, entre Tournemire et le Vigan ; *Spelunca*, n° 12).

On sait déjà, par exemple, qu'il ne faudrait pas établir de ligne ferrée au-dessus des grandes voûtes de Padirac (Lot), du Puits de Poudrey (Doubs), du Trou des Caveaux (Doubs), dont l'épaisseur n'atteint peut-être pas 10 mètres.

Les grottes Monnard, près Marseille, ont été découvertes en 1848, pendant les travaux de l'aqueduc de Roquefavour (*Spelunca*, n° 13-14) qu'ils ont fort gênés, etc.

Parmi les autres études ou recherches dont les cavernes peuvent être l'objet, mentionnons au moins les suivantes : exploitation des guanos de corneilles, chauve-souris, etc. ; — détermination de la potabilité des eaux de *résurgence* par leur teneur en nitrate (M. Schloesing, *C. R. Ac. Sc.*, 13 avril 1896) ; — expériences sur les causes de la coloration des eaux (M. Gérardin, *Ac. des Sc.*, 23 déc. 1895) ; — analyses chimiques des eaux souterraines et hydrotimétrie ; — origine des craquements souterrains inexpliqués que l'on entend parfois dans les cavernes (*Spelunca*, n° 6, p. 54) ; — expériences sur la pesanteur (pendule, chute des corps, etc.) dans les profonds abîmes verticaux ; — évaporation souterraine ; — hygrométrie ; — électricité dégagée par les cascades intérieures, à l'abri des influences atmosphériques ; — coupes géologiques formées par les abîmes ; — recherches paléontologiques sous les talus d'éboulis ou des fonds d'abîmes (des fouilles complètes, mais coûteuses, permettront de reconnaître la superposition des débris humains et animaux tombés aux gouffres depuis leur formation, et de préciser la date géologique de l'ouverture des abîmes en général, qui est actuellement ignorée) ; — observations d'ordre tectonique que peuvent provoquer les parois disloquées et contournées de gouffres tels que ceux des Vitarelles, des Besaces et d'Arcambal (Lot), de Saint-Canzian (Istrie), etc.

C'est tout un programme d'intéressantes recherches nouvelles, qui se trouve tracé maintenant grâce aux récents progrès de la spéléologie : depuis dix ans ces progrès ont rompu le charme de terreur qui, jusqu'alors, avait écarté l'homme de profondeurs aujourd'hui parfaitement, sinon facilement, accessibles !

CHAPITRE XV

PRÉHISTOIRE. — ARCHÉOLOGIE. — ETHNOGRAPHIE

Récentes trouvailles préhistoriques. — L'hiatus. — L'âge de cuivre. — Préhistoire américaine. — Cliff-Dwellers d'Europe. — Souterrains-refuges. — Les crimes. — Troglodytes contemporains. — Grottes religieuses. — Nécropoles. — Légendes.

La recherche des traces du séjour de l'homme dans les cavernes, aux temps les plus reculés, a exercé la curiosité et la patience d'innombrables fouilleurs, dont l'expérience et le savoir malheureusement n'ont pas toujours égalé l'initiative et la chance.

Les résultats de leurs trouvailles ont constitué la *préhistoire*, application de la spéléologie, à laquelle tant de volumes ont été consacrés depuis cinquante ans, qu'il serait oiseux d'en parler ici avec quelques détails.

Je rappellerai seulement qu'au point de vue de la fréquentation par l'homme, à toutes les époques, les cavernes ont subi les plus diverses vicissitudes; et il semble que leur usage comme habitation soit inversement proportionnel au degré de la civilisation. Les plus misérables tribus d'Australie ne les ont point tout à fait abandonnées; et en France même, on cite encore, comme un vrai phénomène anthropologique, l'occupation actuelle des petites grottes d'Ézy (dans l'Eure) par quelques malheureuses familles dénuées de tout, qui y mènent la plus sordide existence, sans souci de toutes les lois et habitudes sociales.

Comme dans les chapitres précédents, j'esquisserai rapidement les derniers résultats acquis.

Période paléolithique. — Le fait le plus saillant est la trouvaille en 1895, par M. Émile Rivière, des gravures préhistoriques de la grotte de la Mouthe (Dordogne), représentant, selon cet auteur, des animaux certainement contemporains de l'homme quaternaire (*C. R. Acad. scien.*, 28 septembre 1895 et *Revue scientif.*, passim).

Cette découverte a soulevé de vives controverses et plusieurs savants préhistoriens ont cru devoir contester l'authenticité desdites gravures. Les conditions de la fouille et du gisement paraissent cependant rendre bien improbable toute supercherie de la part de ceux qui ont mis M. Rivière sur la trace du gisement ; du reste, des faits analogues ont été constatés à la grotte de Pair-non-Pair (Gironde) par M. Daleau (*C. R. Afas.*, 1898, t. I, p. 180) et peut-être même à celle d'Aiguèze (Ardèche) (Dr Raymond, *Bull. soc. Anthropol.*, 6e fasc. de 1896). Non moins curieuses sont les sculptures sur *ivoire* de la période *glyptique* recueillies par M. Piette à la grotte de Brassempouy (v. ci-dessous).

La question de l'*hiatus* existant, selon beaucoup d'auteurs, entre le paléolithique et le néolithique a fait un grand pas, grâce aux longues et belles fouilles de M. Piette à Brassempouy et au Mas d'Azil (*Bull. soc. anthropol.*, et l'*Anthropologie*, passim, depuis 1895; *Spelunca*, n° 3, 1895, p. 108 et n°s 6-7, p. 94). M. Piette a proposé une nouvelle classification des temps préhistoriques et substitué aux époques chelléenne, moustérienne, solutréenne, magdalénienne, des époques éburnéenne, équidienne, cervidienne, élaphienne, etc. (*Anthropologie*, t. VII, 1896, p. 634, etc.). Malgré la complication qui en résulte, peut-être serait-il plus rationnel en effet de baser des subdivisions sur une caractéristique animale générale, que sur un gisement géographique local! Sans trancher ici ces débats de nomenclature, il faut reconnaître au moins qu'une impression d'étonnement profond se dégage de la lecture des derniers mémoires de M. Piette; on reste rêveur devant ses déductions si logiques sur les extraordinaires galets coloriés artificiellement par le peroxyde de fer, essais de peinture et peut-être d'écriture, *ou même de numération*, dont le Mas d'Azil lui a fourni des spécimens aussi antiques que nombreux et variés.

M. Piette, comme M. Chauvet, ne croit pas à l'hiatus ; et l'on a proposé pour l'époque de transition le nom de *tourrassien*, à l'occasion des découvertes faites par M. F. Regnault à l'abri de la Tourrasse près Saint-Martory (*Revue des Pyrénées*, mai-juin 1892, Toulouse, in-8°).

Toutefois l'accord n'est pas encore définitif. Pour M. Fraipont, l'hiatus ne peut être que local, et M. F. de Villenoisy (*La formation de la race belge actuelle*, Gand, imprimerie Siffer, 1897,

in-8°, 25 p.) déclare que « la Belgique paraît fournir des argu-
« ments décisifs en faveur de la réalité de l'hiatus préhistorique,
« car nulle part la couche stérile qui sépare les gisements des
« deux époques de la pierre ne se montre plus nette... C'est la
« forêt qui a refoulé l'homme jusqu'aux Pyrénées ».

En tous cas, on reste dans l'impossibilité de fixer par des chiffres
la durée considérable des temps quaternaires industriels.

Période néolithique. — Pour cette époque on n'a dans
ces derniers temps rien trouvé de plus précieux que les fameuses
Baumes-Chaudes de la Lozère, vidées par le Dr Prunières, de
1875 à 1878.

L'âge du cuivre. — M. Cazalis de Fondouce a songé à
intercaler un *âge du cuivre* entre la fin des temps néolithiques et
l'âge du bronze ; M. Jeanjean a proposé pour cet âge la dénomi-
nation d'*époque Durfortienne* (grotte de Durfort, Gard) ; M. Chantre
l'appelle époque *cébénienne*. Et M. Raymond vient de décrire
encore deux grottes (1), celles de Saint-Geniès et d'Aiguèze, qu'il
rattache aussi, d'après les produits de ses fouilles, à cet âge du
cuivre. Cela confirme les conclusions formulées par M. Jeanjean
dans un travail sur *l'âge du cuivre dans les Cévennes* (1885). Récemment, M. Berthelot a énoncé, à propos des dernières découvertes
de M. de Sarzec à Tello et de MM. de Morgan et Amélineau en
Égypte, que la Chaldée et les plus anciens Égyptiens avaient
connu l'âge du cuivre pur avant celui du bronze (*C. R. Acad.
scienc.*, 24 mai et 15 février 1897, 17 août 1896, etc.) (2).

---

(1) RAYMOND (Dr Paul). Deux grottes sépulcrales dans le Gard. Contribution à l'étude de l'âge du cuivre dans les Cévennes. *Bull. Soc.
Anthropol. de Paris*, 1er fasc., 1897, p. 65-75, et *Bull. Soc. études
sc. natur. de Nîmes*, 1er semestre, 1898, p. 14.
(2) V. à ce sujet J. DE MORGAN, Recherches sur les origines de l'É-
gypte, l'âge de la pierre et les métaux. Paris, 1896, et S. REINACH, dans
l'*Anthropologie*, n° 3 de 1897 ; — MUCH (M). Die Kupferzeit in Eu-
ropa und ihr Verhältnis zur Kultur der Indogermanen. 2 Aufl. Mit 112
Fig. Jena, 1893 (M. 10) ; — HAMPEL. (J.). Neuere Studien über die
Kupferzeit. *Zeitschr. für Ethnologie*, t. XXVIII. fasc. 2. Berlin, 1896,
avec 50 fig. Démonstration de l'existence de l'âge du cuivre en Hongrie ;
— MONTELIUS (O.). Findet man in Schweden Ueberreste von einem
Kupferalter. *Archiv. für Anthropologie*, t, XXIII, 3e cah., 1895.
Recherches des preuves de l'âge du cuivre en Suède.

Préhistoire américaine. — On ne sait pas encore si l'homme paléolithique a existé en Amérique; on avait cru, vers 1867, y trouver l'homme *tertiaire* en Californie, mais les récents travaux de M. Mercer mettent en doute même l'existence de l'homme quaternaire dans le nouveau continent (1) (*Mém. soc. Spéléol.*, n° 11).

C'est sur le rajeunissement d'espèces animales jusqu'ici considérées comme quaternaires que M. Mercer fonde surtout sa négation *provisoire* de l'homme paléolithique américain. Dans plusieurs mémoires, il étudie cette question fort peu avancée de l'antiquité de l'homme en Amérique (2).

Certaines grottes semblent prouver qu'aucun peuple plus ancien que les Indiens n'a jamais habité ces régions, mais il faut continuer les recherches avant de conclure formellement. Dans la caverne de Wyandott (Indiana), longue, dit-on, de 37 kilomètres, M. Mercer a reconnu que les Indiens avaient su jadis aller chercher de l'albâtre et du jaspe jusqu'à plus de 3 kilomètres de l'entrée, en s'éclairant avec des torches (3).

La même conclusion s'impose pour les cavernes et les sink-holes du Yucatan, également explorés à fond par M. Mercer (*Spelunca*, n° 6).

Les constructeurs des édifices ruinés du Yucatan sont les plus anciens habitants du pays. Les restes trouvés dans les cavernes proviennent d'eux. Ils sont allés dans les cavernes pour y prendre de l'eau. Avant eux, personne n'avait visité ces lieux.

---

(1) MERCER (H.-C.). The finding of the remains of the fossil Sloth of Big Bone Cave (Tennessee) in 1896. *Proceed. American Philosoph. Soc.*, vol. XXXVI, n° 154. 39 p. et pl. Philadelphie, 1897.

(2) MERCER (H.-C.). Prehistoric american archæology. *American naturalist.* 1er juillet 1894 ; — Re-Exploration of Hartmann's cave, Pennsylvania. *Proceed. of the Acad. of natural sciences of Philadelphia*, 1894 ; — Cave Exploration in the Eastern United states. *Depart. of American and prehistoric Archæol. of the Univers. of Pensylv.* 6 janvier et 4 juillet 1894, 4 juin 1896 ; — Exploration of Durham Cave (Pennsylvania). *Id.*, 1893. Univers. of Penns., vol. VI, 1897 ; — Researches upon the antiquity of man in the Delaware Valley and the Eastern United states, vol. VI, of the publicat. of University of Pennsylv., 1897, in-8. Boston, Ginn and Co., 178 p. et grav., 10 fr.

(3) MERCER (H.-C.). Jasper and stalagmite quarried by Indians in the Wyandott Cave (Indiana). *Proceed. Americ. philosoph. soc.*, vol. 34, décembre 1895.

Le peuple dont les traces ont été découvertes dans les cavernes est venu en Yucatan à une époque géologique relativement récente ; il y vivait en compagnie d'animaux dont les espèces subsistent encore. Ce peuple précède les Indiens-Maya. Il ne s'est pas développé dans le pays même et a apporté sa civilisation du dehors.

Cliff-Dwellers d'Europe. — Jusqu'à présent on ne connaissait qu'en Amérique l'existence des *Cliff-Dwellers* (1) ou *falaisiers* habitant des endroits impossibles à atteindre sans agrès spéciaux. J'ai commencé à les signaler en France en 1892 au Boundoulaou (époque néolithique) et au Riou-Ferrand (époque romaine), près Millau (Aveyron) : puis au roc d'Aucor, sous l'oppidum de Murcens (Lot, époque inconnue, fouilles à faire). Depuis on en a retrouvé au Puits-Billard (Jura : néolithique : MM. Viré et Renauld, 1896); — à Padirac, Lot (Moyen âge ?) : à l'aven de Ronze (Ardèche ; néolithique : M. Raymond, *la Nature*, n° 1134); — aux caveaux de Verpant (Côte-d'Or, M. Galimard, *Spelunca*, n° 13).

Il y a là, pour les préhistoriens et les archéologues, tout un nouvel ordre de recherches à instituer.

Archéologie. Souterrains-refuges. — Le fond des abîmes peut être fertile pour les archéologues comme pour les paléontologues.

Ainsi la caverne de Cobillaglava, près de Trieste, fut la première à révéler en Istrie l'existence de troglodytes (*Bul. Soc. adriat. scienze naturale*, vol. 4, 1879, p. 93) : aujourd'hui on ne peut y descendre que par un puits profond de 38 mètres, mais ses anciens habitants devaient avoir une autre entrée. Un gouffre voisin de Povir, profond de 33 mètres, a livré en mai 1895 à Siberna (l'un des ouvriers de M. Marinitsch) un squelette d'homme pourvu de plusieurs objets de bronze (torque, fibule, bracelet)

---

(1) NADAILLAC (marquis de). Les Cliff-Dwellers. *Revue des questions scientifiques*, octobre 1896 : — CHAPIN. The land of the Cliff Dwellers. Boston, 1893 ; — NORDENSKJÖLD. Cliff-Dwellers of the Mesa-Verde, Stockholm, 1893, in-fol.

du IV⁰ siècle avant J.-C (1). Un crime ou un accident a précipité
là le corps de l'infortuné Gaulois, si curieusement retrouvé sous
la stalagmite au bout de 23 siècles ! (2).

En Angleterre, les vieux Bretons ont cherché refuge dans les
cavernes à l'époque romaine ; et Victoria-Cave (Yorkshire) a
donné à M. le Pʳ Boyd-Dawkins de bien curieux résultats sous
ce rapport (v. Cave-Hunting).

Les *souterrains-refuges*, grottes naturelles ou artificielles,
utilisés en Allemagne, Autriche, France, comme lieu de refuge
pendant les guerres du moyen âge et de plus récentes, seront aussi
fouillés avec fruit ; les beaux travaux de M. l'abbé Danicourt
à ceux de Naours (Somme), depuis 1886, en font foi. — En
Bourgogne, M. Ch. Drioton s'occupe de rechercher l'historique
refuge de Sabinus et d'Eponine (*Spelunca*, nᵒˢ 6 et 11) ; il en a
même trouvé avec des traces de vitrification par le feu, comme
les fameux forts vitrifiés de Bretagne (*Spelunca*, nᵒ 16, p. 184).

Le Dʳ Bourgoin remarque que ceux du Berry sont dans le
voisinage de voies romaines, et les fait remonter à l'invasion des
barbares, tout en les considérant comme demeures temporaires,
comme cachettes (*Bull. Soc. d'anthropologie*, 1895, 1ᵉʳ fasc.,
p. 8), etc., etc., et *Spelunca*, passim).

En Périgord et en Poitou, on les nomme *Cluseaux*.

Les grottes fortifiées rentrent dans la même catégorie : Baume
Saint-Firmin ou du Fort, caverne de Trabuc ou de Mialet
(Gard : M. Mazauric, *Mém. Soc. Spél.*, nᵒ 18), grottes de Calès
(Bouches-du-Rhône : la *Nature*, 10 avril 1897) (3).

Les cavités criminelles. — Quel autre nom donner à ces
grottes qui ont servi de repaire, en tant d'endroits, à tant de
terribles brigands, comme ceux de Lombrive (Ariège), Mandrin

(1) Peut être pas sans relations avec les populations enterrées dans la
vaste nécropole de Santa Lucia sur l'Isonzo, si heureusement fouillée par
le Dʳ Marchesetti qui a enrichi le musée de Trieste des admirables objets
recueillis par lui en ce cimetière préhistorique. MARCHESETTI, Le necro-
poli di Santa-Lucia. Trieste. 1886
(2) MARCHESETTI (Dʳ Carlo). Alcuni oggetti preistorici in una vora-
gine presso Povir. *Atti del museo civico di storia naturale di Trieste*,
vol. IX, 1895, avec fig.
(3) Je mentionne pour ordre les grottes *artificielles* de Jonas (Puy-
de-Dôme), Brive (Corrèze). LALANDE, *Mém. Soc. spél.*, nᵒ 7.

(à la Balme, Isère), ou Ewan (à Jenolan, Australie, en 1841), et à ces abîmes où tant d'assassins ont jeté les corps de leurs victimes et où tant de désespérés se sont suicidés : la Caborne à Fréquent (Jura), l'aven de Courrinos (Aveyron), l'igue de Marchès (Lot), l'igue de Picastelle (Lot), Jean-Nouveau (Vaucluse), Rabanel (Hérault), le scialet Idelon (Vercors), etc. (*Spelunca*, n° 1, p. 28 ; n° 4, p. 129 ; n° 6, p. 102, etc., *Mém. spél.*, n° 22). — Tous ces forfaits ne sont hélas pas des légendes et les traces n'en restent souvent que trop faciles à retrouver.

Les troglodytes contemporains. — Dans tous les pays du monde, de pauvres familles ou des tribus arriérées ne possèdent, de nos jours encore pas d'abri plus confortable que les cavernes naturelles ou les anciennes carrières : en France, nous avons toujours des troglodytes à Ezy (Eure, v. p. 111), aux *gobes* des falaises de Dieppe (*Spelunca*, n° 16) ; dans l'Ardèche (*Spel.*, 9-10) ; à Pougnadoires (Lozère) ; à la Balausière (Gard) ; à Troo (Loir-et-Cher), etc.; on en trouve aussi aux îles Lipari, à Oran (*Spel.*, 9-10), au Djébel Matmata (Tunisie), etc. etc.

Grottes à peintures religieuses. — Les grottes aux murailles ornées de peintures, souvent de caractère religieux, sont connues à Ceylan (Sigiraya, *Acad. Sc. et Belles-Lettres*, 17 janvier 1896), à Ajanta (Bombay), à la chapelle de la Baume de Saint-Vérédème (Gard, avec inscr. gothiques).

M. Jack (Robert-L. Aboriginal Cave drawings in the Palmer goldfield. *Proceed. royal society*. Queensland, vol. XI, 2° partie, décembre 1895, avec pl. en couleurs) décrit certaines petites cavernes et falaises (crétacé supérieur) du Palmer goldfield (Queensland) qui possèdent de curieux dessins très grossiers, importants pour les anthropologistes. Ils n'ont probablement pas plus de 25 ans de date et sont l'œuvre de ces sauvages aborigènes australiens, qui disparaîtront totalement avant d'être civilisés et ont cependant éprouvé le besoin de se livrer à ces pauvres essais artistiques (la *Nature* du 7 mai 1881, p. 362, *Dessins de cavernes australiennes* par G. Marcel, et M. R.-H. Mathews, The aboriginal rock pictures of Australia. *Proceed. Roy. geograph. Soc. of Queensland*, vol. 10, p. 46).

Très nombreux sont les chapelles ou temples entièrement artificiels, comme l'église souterraine de Saint-Émilion (Dordogne); — celle de Saint-Michel-sous-Terre, aux pertes de l'Argens

(Var; V. Kraus, *Höhlenkunde*); — les temples souterrains de l'Inde. Dans des cavités naturelles sont installés les sanctuaires de Montesantangelo, près Foggia (Basilicate); — de Lourdes (Hautes-Pyrénées); — d'Olissaï-Dona en Digorie (*Spelunca*, n° 6); — des Brahmines, à Sylhet (Inde, *Spelunca*, n° 6); — de Tourane (Annam, *Spelunca*, n° 8); — de Ceylan, décrites par M. J. Leclercq (*Les temples souterrains de Ceylan, Bull. Acad. roy. de Belgique*, 3ᵉ série, t. XXXV, n° 5, p. 729-738, 1898).

Les nécropoles. — Enfin, comme nécropoles, les cavernes ont été employées dans tous les temps, depuis les plus anciennes époques préhistoriques (Baoussé Roussé de Menton; Baumes-Chaudes de la Lozère) jusqu'à nos jours, à Collo (Algérie), Istanos (Asie-Mineure), au Mont-Argée (*idem*), etc.

Il faut arrêter toutes ces énumérations et les clore par un mot sur les légendes dont les cavernes sont l'objet.

Les légendes. — Il n'est point de pays où l'on ne rencontre la terrifiante croyance du dragon ou basilic, qui garde jalousement au fond des grottes le trésor mystérieux et intangible comme le Rheingold.

Moins terribles sont les nains, souvent bienfaisants, comme ceux du Dauphiné (*Spelunca*, n° 13) ou les Nuttons de Belgique.

Historiquement, on prétend que les Anglais, à la fin de la guerre de Cent Ans, cachèrent des trésors au fond de Padirac.

Mais surtout l'opinion populaire est unanime à affirmer la correspondance des abîmes et des résurgences où réapparaissent les objets tombés au gouffre. En France, c'est le fouet du berger qui s'est perdu dans la Picouse et ressort au Pêcher de Florac; — en Autriche, un paysan et sa fille tombent au gouffre de Kosowa-Jama avec une paire de bœufs, et le Timavo, quelques jours après, rejette le tablier de la fille et le joug des bœufs!; — en Péloponèse et en Bosnie la tradition devient féroce : le pâtre, pour envoyer un mouton à sa mère, au moulin de la source, le dérobe à son patron et le jette dans le *Katavôthre* ou le *ponor*, mais le maître le surprend un jour et lui coupe la tête qu'il expédie par la même voie et à la même adresse!

En 1889, la triste catastrophe du Puits-Billard (Jura) a donné raison à cette croyance, puisqu'au bout de trois mois, la source du Lison rendit le corps d'une jeune fille noyée dans le bassin siphonnant du gouffre.

Terminons sur une note moins triste, en rappelant que Mistral a imaginé pour Vaucluse la demeure souterraine d'une nymphe qui, dans son palais de limpide cristal, soulève successivement sept gros diamants, quand elle veut faire déborder la source !

————————

CHAPITRE XVI

FAUNE ET FLORE SOUTERRAINES. — LES ANIMAUX AVEUGLES. LEUR ORIGINE. — LEUR EXISTENCE. — MODIFICATION DE LEURS ORGANES. — LES CHAUVE-SOURIS. — LA FLORE DES ABIMES. — CONCLUSIONS.

La zoologie souterraine réserve encore de grandes surprises. On sait qu'une foule de petits animaux, crustacés, insectes, batraciens, poissons même, forment une faune toute spéciale aux cavernes. Depuis plus de cinquante ans, une pléiade de savants français, danois, autrichiens, allemands, américains, italiens a fait connaître ces bêtes étranges, auxquelles la prévoyante nature a refusé les yeux, dont elles n'avaient que faire dans leurs tanières impénétrables aux rayons du jour. En revanche, cette même nature avait soin de développer considérablement leurs autres sens, notamment l'ouïe et le tact, pour les mettre suffisamment en état de défendre et de développer leur existence. Ainsi les animaux cavernicoles, bien qu'aveugles, vivent et se reproduisent aussi bien que ceux de la surface du sol.

De nouvelles études anatomiques de ces êtres, si curieusement organisés, ont été commencées depuis cinq ou six ans par M. Armand Viré, attaché au Muséum d'histoire naturelle : le Laboratoire de zoologie souterraine que M. Milne-Edwards, le savant directeur du Muséum, a fait installer pour lui dans les catacombes du Jardin des Plantes, afin d'y exécuter des expériences artificielles, fournira, avec du temps et de la patience, des révélations inattendues sur les origines de la faune cavernicole et sur les graves questions relatives à l'évolution des espèces.

Il eût fallu ici donner au moins un tableau sommaire des notions déjà acquises ; indiquer que l'on n'a trouvé des *poissons* (et même quelques autres vertébrés) souterrains que dans les grottes de l'Amérique, des *batraciens* que dans celles de la Carniole (*proteus anguineus*), et que celles de France sont limitées aux

animaux inférieurs, insectes, crustacés, etc., etc. Il y aurait eu à
rappeler sommairement au moins les curieux travaux de Hohen-
wart (1814), Leydig, Schiner, Schiödte, Laurenti, Schmidt, Joseph, de la Brulerie, Marquet, Linder, Marie von Chauvin, Graf,
Khevenhüller, Valle, Dollfus, Moniez, Simon, de Bonvouloir,
Delarouzée, Lucas, Bedel, Mestre, de Saulcy, Lucante, Abeille
de Perrin, R. Dubois, Poey, de Kay, Tellkampf, Putnam, Packard, Hayen, Carpenter, Percival Wright, Apfelbeck, Fries, Pa-
rona, della Torre, Gestro, etc. Je ne puis que citer, pour l'hom-
mage qui leur est dû, les noms de tous ces travailleurs qui ont fait
connaître de si étranges choses, et je renvoie pour un peu plus
de détails au chapitre xxxv. de mes Abîmes, au bon mémoire de
Lucante, Essai sur les cavernes, et surtout au tout récent manuel
de M. le Pr Otto Hamann, *Europäische Höhlenfauna*. Description du monde animal des cavernes d'Europe, avec des consi-
dérations particulières sur la faune des cavernes de la Carniole,
et quelques recherches. 5 planches, 150 figures lithographiées.
Iéna, H. Costenoble, 1896, in-8°, 15 francs.

Cet ouvrage, sérieusement documenté, avec quelques exemples
nouveaux, résume très fidèlement l'ensemble de nos connaissances actuelles sur le monde animal des cavernes.

Dans sa thèse de doctorat (1899), M. Viré vient aussi de faire
connaître les résultats de ses premières recherches et expériences.
(*La faune souterraine de France*, Paris, Baillière, in-8°, 1900,
160 p. et 4 pl. avec bibliogr. de 476 n°°).

Résumons très sommairement tous ces travaux.

La liste totale de la faune de Mammoth-Cave (États-Unis) ne
comprend pas moins d'une centaine d'espèces, après exclusion de
celles qui viennent accidentellement du dehors. On crut d'abord
(Agassiz, etc.) qu'elles avaient été spécialement créées pour leur
milieu. Depuis, on a reconnu qu'elles dérivent tout simplement
d'espèces extérieures modifiées.

Les poissons aveugles de Mammoth-Cave et certaines formes de
crustacés (Sphæromiens) trouvés (en très petit nombre) dans les
rivières souterraines de Baume-les-Messieurs (Jura), de Darcey
(Côte-d'Or) et de la Dragonnière (Ardèche) ont ouvert la question,
— qu'il ne faudrait pas résoudre prématurément — de savoir s'il
ne faut pas rechercher jusque dans l'époque tertiaire les origines
de ces espèces !

L'introduction sous terre des ancêtres de ces faunes peut s'être
opérée et s'opère encore de deux manières : sous forme d'individus

parfaits emportés par des eaux ruisselantes, dans des pertes ou des gouffres à large ouverture d'où il leur est impossible de regagner le jour ; ou bien sous forme d'œufs ou de larves, entraînés en d'étroites fissures avec les eaux de simple infiltration. — Les êtres éclos de ces germes, et qui n'auront *jamais vécu à la surface du sol*, seront-ils affectés, eux et leur descendance, d'altérations plus rapides ou non que ceux qui seront devenus souterrains par accident et non pas avant leur naissance ? Les deux principales de ces altérations sont en général l'albinisme ou décoloration plus ou moins complète des pigments, et l'atrophie des yeux : sous terre en effet les organes de la vision deviennent inutilisables. En revanche, on a établi que les animaux cavernicoles aveugles ont les autres sens excessivement développés : ils se dirigent par le tact au moyen de longs poils (cirrhes) ou de longues antennes, très sensibles ; ils se défendent par l'ouïe qui leur révèle le plus lointain péril ; et ils se nourrissent par l'odorat qui leur dénonce les proies invisibles.

L'albinisme s'explique par le défaut d'absorption de rayons lumineux. De même on s'accorde à penser que c'est par adaptation au milieu que ces espèces cavernicoles aveugles ont perdu l'organe visuel dont leurs ancêtres avaient la jouissance.

Schiödte (de Copenhague) et le Dr Gustave Joseph (de Breslau) ont fait de curieuses études sur les transitions qui existent, dans l'atrophie graduelle de la vision, entre les animaux aériens et leurs congénères franchement cavernicoles.

Il est permis de se demander si ces degrés dans la cécité ne proviennent pas, dans une certaine mesure, de la différence entre les délais écoulés depuis l'enfouissement des espèces. D'une part, en effet, on a trouvé des animaux particuliers aux cavernes qui avaient conservé leurs yeux. D'autre part, beaucoup d'eaux artésiennes ont rejeté à la surface, et certaines nappes souterraines ont laissé recueillir des êtres vivants, absolument superficiels et nullement modifiés, sans doute parce que leur séjour souterrain n'avait pas été assez long pour les aveugler (1).

---

(1) ROLLAND (Georges). Les animaux rejetés vivants par les puits jaillissants de l'Oued Rir'. *Revue scientifique*, 6 octobre 1894, Paris ; — ROLLAND (Georges). De l'authenticité du phénomène du rejet d'animaux vivants par les puits jaillissants de l'Oued Rir'. *Associat. franç. avanc. des sciences.* Caen, 1894 et Bordeaux, 1895 ; — BLANC

Enfin, « il ne faudrait pas accorder trop d'importance à cette particularité que beaucoup d'espèces souterraines sont aveugles : on en connaît un bon nombre qui vivent dans les eaux de surface et qui sont cependant dépourvues de vision » (R. Moniez, *Faune des eaux souterraines*).

M. Joseph croit au contraire que « la présence ou l'absence d'organes visuels correspond toujours aux conditions d'existence des animaux ».

En Amérique, le Dr Hayen a pu assister à la naissance de huit petits amblyopsis aveugles.

M. Hamann conclut que les matériaux recueillis actuellement ne sont pas suffisants pour formuler une théorie générale, et il se demande s'il n'existerait pas dans certaines cavernes une variété de lumière non perceptible à nos sens, mais qui n'en serait pas moins apte à impressionner les sens de certains individus, en un mot des espèces de rayons X.

La chasse aux animaux cavernicoles comporte, comme instruments, des pinces d'entomologiste, un petit filet fin et résistant à mailles serrées (pour les pêches), un pinceau qu'on trempe dans l'alcool pour saisir et immobiliser les petits insectes, et des fioles ou petites bouteilles de tailles et formes variées pour renfermer les prises, soit à sec, soit dans l'alcool ou le formol.

Cette chasse doit être entreprise en l'entourant de précautions multiples : en petite compagnie, avec le moins d'éclairage et le plus de silence possibles, la moindre odeur ou résonance pouvant faire fuir les animaux dans des retraites inviolables.

M. Hovey (*Celebrated American caverns*) raconte qu'il suffit de la chute d'un grain de sable dans l'eau pour mettre en fuite les *Amblyopsis* de la rivière Styx, à Mammoth-Cave.

Voici, d'après les *chasseurs* les plus compétents, les manipulations à recommander.

(Édouard). Poissons des puits du Sahara. *Mémoires de la Société zoologique*, 1895, t. VIII, 2e partie, p. 164-173, in 8, Paris. Une controverse avait été soulevée sur l'authenticité des captures faites, à certains puits artésiens du Sahara algérien, de poissons, crabes et mollusques vivants, *non aveugles*, *ni décolorés*, et engouffrés sans doute dans les *behours* et *chrias* (gouffres d'où proviennent les eaux artésiennes). Les trois mémoires ci-dessus expliquent et tranchent définitivement, dans le sens de l'affirmative, cette curieuse question.

A. *Pour les animaux aquatiques.* — Opérer dans des bassins peu profonds, à rives très basses et d'accès commode ; placer sous l'eau un récipient largement évasé, en forme de petite cuvette et contenant de petits morceaux de viande et d'os ; — laisser l'appât 24 heures ; — en revenant, le prendre *sans bruit ni brusquerie,* le couvrir très rapidement, *sous l'eau même,* avec une cloche en treillis de métal ou de préférence en verre (comme celles qui servent à préserver la viande ou le fromage).

Pour les animaux de taille relativement grande, tels que les protées, les amblyopsis, les gammarus, etc., les récipients pourront être remplacés par de véritables petites nasses à mailles plus ou moins serrées, mais résistantes et maintenues sous l'eau par des pierres attachées en guise de lest.

B. *Pour les animaux terrestres.* — Dépouiller un colimaçon de sa carapace, le cacher sous des pierres plates avec mêmes délais et précautions que ci-dessus ; soulever les pierres tout doucement et saisir promptement à l'aide du pinceau mouillé d'alcool tout ce qui sera venu à l'appât. — Ou encore, faire un trou dans l'argile, y enfouir et mastiquer (en ménageant tout autour et au niveau du sol un petit talus de descente) un large godet ou un petit pot à confitures ; amorcer le piège avec de la viande ou du fromage ; couvrir le tout d'une pierre plate en ne laissant qu'une étroite ouverture impraticable aux scolopendres et insectes de forte taille, qui pourraient venir accidentellement du dehors.

On trouvera d'autres utiles indications pratiques dans deux Notices de M. Fruwirth, *Höhlenforschung,* Peterm's Mittheilungen, 1884, p. 298 et Mitth., club alpin all. autr., 15 juin 1886.

L'auteur de ce travail conseille, dans la recherche des insectes, de mettre la bougie le plus près possible des parois et de la tenir élevée, car certains animaux se confondent tellement, par leur couleur, avec la roche ou la stalagmite, qu'ils ne se révèlent que par l'ombre portée par leur corps.

L'une des principales difficultés est la préservation de la récolte pendant son transport au dehors. On conçoit de quelle fragilité sont les longues antennes. Mis dans des boîtes en carton ou en bois, certains insectes y brisent leurs plus curieux organes, et cependant ils ne peuvent être immergés dans l'alcool ou le formol sous peine d'altérations profondes et diverses. Plus encore que pour les prises entomologiques aériennes, il est malaisé de les tuer ou de les préparer sur-le-champ.

Mais avant tout il importera de ne pas enfermer plusieurs

individus, même d'espèce semblable, dans un réceptacle unique ;
on risquerait de n'en retrouver que les débris : la lutte pour la vie
est intense aussi sous la terre, et les insectes cavernicoles notamment ont montré maintes fois que leur férocité naturelle peut
les pousser jusqu'à s'entre-dévorer.

Parmi les espèces non aveugles les cavernes fournissent encore
de bien curieux sujets d'études relatifs aux chauves-souris.

MM. R. Rollinat et le Dʳ E. Trouessart ont publié (*Bull. Soc.
Zoolog. de France*, janvier 1895) une note *sur la reproduction des
chauves-souris*, où ils manifestent l'intention de poursuivre leurs
recherches sur l'embryogénie de ces mammifères.

Le Dʳ A. Pokorny a établi en 1853 que la *flore souterraine* est
bien moins indépendante de la lumière que la faune. Elle ne
renferme que des cryptogames et des champignons.

On ne l'a guère étudiée qu'à Adelsberg ou en Amérique.

Toute la flore de Mammoth Cave se réduit à des cryptogames
microscopiques, poussant sur les débris de déjeuners des visiteurs, sur des pièces de bois ou barriques abandonnées, etc. —
Labulbenia subterranea a été trouvée comme parasite sur l'*anoph-
thalmus tellkampfii*. La température constante de la caverne
(10 à 11°) est un peu trop faible pour le développement des
champignons.

Coprinus micaceous, rhizomorpha molinaris et *mucor mucedo* sont
probablement des espèces souterraines ; les deux dernières se
rencontrent dans les mines. La plupart des formes sont modifiées. *Mucor mucedo* est parfois développé sur les ponts et galeries
de bois, au point de donner l'illusion de feuilles de papier blanc
ou de paquets de coton. Les botanistes ont certainement encore
beaucoup de besogne inachevée dans les cavernes d'Amérique
(Eʟʟsᴡᴏʀᴛʜ Cᴀʟʟ. (R.). *Note on the flora of Mammoth Cave,
Kentucky, Journal Cincinnati Natur. history soc.*, vol. 19, nᵒ 2,
mars 1897. — Hᴏᴠᴇʏ, *Celebrated american caverns.* — Sᴄʜᴍɪᴅʟ,
Adelsberg, p. 223-229).

Mais ce qui serait curieux à examiner de près, c'est l'extension
énorme que l'humidité donne dans les abîmes largement ouverts
aux plantes amies de l'ombre et de l'humidité (fougères, scolopendres, etc.), par exemple à Padirac, au spelunque de Dions,
aux cavités du Yucatan, aux Hoyos de Colombie.

Assurément on trouverait là, sinon des espèces nouvelles, du
moins des développements et modifications de haut intérêt.

On voit par tout ce qui précède combien, suivant l'heureuse

formule de M. Boule (1), chaque caverne « a son histoire propre et mérite une étude spéciale », et comment il importe de multiplier en très grande quantité et de comparer entre elles les observations spéléologiques, pour arriver à la connaissance des vrais principes généraux du sujet. C'est pour avoir beaucoup trop souvent et hâtivement conclu du particulier au général et pour avoir trop longtemps cru à l'uniformité et à l'universalité des phénomènes remarqués dans un trop petit nombre de cavernes insuffisamment dissemblables, que l'on a jusqu'à présent énoncé à leur sujet tant d'idées fausses ou incomplètes. C'est par milliers qu'il faudrait les étudier et les discuter : la tâche des spéléologues n'est donc pas si monotone ni si sujette à un prochain épuisement qu'on pourrait, à première vue, se l'imaginer.

Quant aux moyens pratiques d'exploration récemment mis en usage, ils sortent du cadre de la présente publication. On les trouvera longuement décrits dans mes *Abîmes* et dans les Conseils aux Voyageurs du *Tour du Monde* (nos des 23 juillet 1898, 15 et 29 avril, 20 mai et 3 juin 1899).

---

(1) Note sur le remplissage des cavernes. *L'Anthropologie*, 1892, p. 19 et s.

CHARTRES. — IMPRIMERIE DURAND, RUE FULBERT.